Annales de Géographie

La revue des *Annales de géographie* a été fondée en 1891 par Paul Vidal de la Blache. Revue généraliste de référence, elle se positionne à l'interface des différents courants de la géographie, valorisant la diversité des objets, des approches et des méthodes de la discipline. La revue publie également des travaux issus d'autres disciplines (de l'écologie à l'histoire, en passant par l'économie ou le droit), sous réserve d'une analyse spatialisée de leur objet d'étude.

Directeur de publication
Nathalie Jouven

Administration et rédaction
Dunod Éditeur S.A.
11, rue Paul Bert, CS 30024, 92247 Malakoff cedex

Rédacteurs en chef
Véronique Fourault-Cauët et Christophe Quéva
annales-de-geo@armand-colin.fr

Traductions en anglais
Nicholas Flay

Maquette
Dunod Éditeur

Périodicité
revue bimestrielle

Impression
Imprimerie Chirat
42540 Saint-Just-la-Pend

D1664376

N° Commission paritaire
0420 K 79507

ISSN
0003-4010

Dépôt légal
avril 2019, N° 201903.0295

Parution
avril 2019

Revue publiée avec le concours du Centre National de la Recherche Scientifique et du Centre National du Livre

© Dunod Éditeur
Armand Colin est une marque de Dunod Éditeur

ANNALES DE GÉOGRAPHIE

N° 726

Mars-avril 2019

128ᵉ ANNÉE

ANNALES 726

Sommaire/Contents

Gestion de crise et incertitude(s) ou comment planifier le hors-cadre et l'inimaginable. Application aux crises résultant de crues majeures en Île-de-France

Crisis management, uncertainty and the unthinkable. How to anticipate and prepare for a systemic crisis in case of major flooding of the Parisian metropolitan area.

Magali Reghezza-Zitt

maître de conférences HDR, École normale supérieure (PSL)/Laboratoire de géographie physique de Meudon (LGP)-UMR 8591

Résumé   La crise est généralement associée à la notion d'incertitude. Le terme recouvre toutefois plusieurs acceptions qui appellent des réponses différentes de la part des acteurs de la gestion. Le cas d'une crue majeure de la Seine et de ses affluents permet d'étudier les différentes formes d'incertitudes qui surviennent lors d'une crise. En s'appuyant sur l'observation de l'exercice EU-Sequana de mars 2016 et sur les crues de juin 2016 et janvier 2018, on peut ainsi distinguer l'imprévu, l'inconnu et l'imprédictible structurel qui posent chacun des problèmes spécifiques aux gestionnaires et qui mettent à l'épreuve l'anticipation, la planification et la conduite. S'ajoute l'inimaginable (ou inconcevable) qui fait que les acteurs sont incapables, à un moment donné, de se figurer l'événement à venir, ici, un événement « hors-cadre », qui demande un changement radical dans la manière de concevoir et de mettre en œuvre la gestion de crise. Dans le cas de crises systémiques comme celle qui menace la métropole francilienne en cas de crue majeure, crises produites par l'hyper-complexité du système territorial, l'incertitude devient un élément structurel et non plus seulement conjoncturel, qui demande aux acteurs d'agir en dehors des routines. L'impensé du « hors-cadre » pose la question de la préparation des acteurs du territoire à ce type d'événement et de la pertinence des planifications.

Abstract   *Crisis and uncertainty are strongly related. Scholars and practitioners provide multiple definitions of uncertainty. Every form of uncertainty requires a specific response. The case of a major flood in Paris metropolitan area shows that different kinds of uncertainty occur in a crisis. Observations during the EU-Sequana exercise in March 2016 and the floods in June 2016 and January 2018 allow us to distinguish the unexpected, unknown and unpredictable. Each of these three kinds of uncertainty gives rise to specific issues for crisis managers. The problem of the unthinkable is also identified. People are unable to envisage some aspects of the future event. In particular, practitioners cannot imagine that a major flood in the Paris metropolitan area will be « a non-conventional crisis » needing a radical shift in paradigm and practice. Global cities are system-characterized by hyper-complexity. Complexity produces systemic crises in which uncertainty is both situational and structural. Systemic uncertainty forces people to act « outside the frame »: routines become counter-productive, plans are useless, unexpected is the norm. The incapacity to think out of standard procedure and* *to consider the non-conventional dimension of future crises raises questions on the actors'preparedness and planning.*

Mots-clefs   Incertitude, crise, gestion de crise, anticipation, improvisation, imprévu, hors-cadre, inimaginable, complexité.

Keywords   *Uncertainty, crisis, crisis management, anticipation, improvisation, unexpected, non-conventional crisis, unthinkable, complexity.*

« *Je crois que, là encore, l'accident que vous avez connu dépassait largement tout ce qui avait été imaginé.* »

Enquêteur à Masao Yochida, directeur de la centrale de Fukushima-Daishi (Masao et al., 2018, p. 52)

1   Introduction

Les grandes agglomérations contemporaines présentent une importante vulnérabilité biophysique et sociale aux risques dits « naturels », que la littérature scientifique explique par la concentration des populations et des biens, mais aussi par la résurgence ou l'émergence de certaines menaces, la mutation des pratiques citadines, les nouvelles formes d'organisations spatiales ou la reconfiguration des modes de gouvernance urbaine (Pelling, 2003 ; Mitchell *et al*, 2005 ; Vinet, 2017). Ces agglomérations constituent des systèmes complexes exposés à des perturbations internes et externes permanentes, qu'ils sont capables d'absorber plus ou moins facilement (Godschalk, 2003 ; Pigeon, 2012). Certaines perturbations vont excéder la capacité de réponse courante de ces systèmes. Chocs brutaux ou pressions plus lentes sont en effet susceptibles de les déstabiliser profondément, en se diffusant à tout ou partie de leurs composantes (Provitolo, 2009 et 2010). Ils basculent alors dans une situation exceptionnelle, qui, une fois un point critique atteint, se transforme en crise (Dufes et Ratinaud, 2014).

La crise a fait l'objet d'une abondante production scientifique (Morin, 1976 ; Lagadec, 1991 et 2006 ; Gilbert, 2003). De façon extrêmement schématique, elle a été principalement abordée selon deux approches (D'Autun, 2007) : les sciences de la gestion, qui mettent en avant les dimensions organisationnelles et opérationnelles ; le champ de l'étude des catastrophes et des désastres, qui a notamment interprété la crise comme une production et/ou une construction sociale (Comfort *et al.*, 2001 ; Quarantelli, 2000 et 2005). Les *disaster studies*, très développées en sociologie, ont alimenté ces recherches, en se focalisant toutefois sur la notion de « catastrophe ».

Dans le champ des risques dits « naturels », la crise et la catastrophe ont souvent été confondues, car elles semblent *a priori* coïncider. Le choc brutal suscité par un aléa provoque des destructions massives immédiates, qui entraînent à leur tour une situation de crise (humanitaire, économique, sociale et parfois politique), que la société interprète en termes de catastrophe. Parler de catastrophe reflète tantôt une mesure quantitative des impacts de l'aléa, qui permet de distinguer l'accident du désastre, tantôt une appréciation subjective de ses effets, qui s'inscrit dans des systèmes de valeurs variant fortement selon les époques et les sociétés. La notion de crise s'applique, quant à elle, à une situation de désorganisation plus ou moins longue, plus ou moins brutale, qui traduit la rupture d'un équilibre, stable ou instable. La situation de crise peut se prolonger et être réalimentée par de nouveaux aléas (Kates, 2006 ; Benitez, 2018).

Une crise ne conduit pas forcément à la catastrophe : si la crise révèle la vulnérabilité du système affecté, ce dernier peut répondre de façon à minimiser les impacts consécutifs à la perturbation initiale, et, de fait, éviter le désastre. Dans le cas des systèmes urbains, la gestion de crise a ainsi pour objectif de prévenir la catastrophe, à défaut de pouvoir éradiquer les risques.

Cette idée est très présente en Île-de-France, où la prise de conscience de l'inéluctabilité de certaines menaces a conduit les différents acteurs du territoire, qu'il s'agisse des pouvoirs publics (échelons nationaux et services déconcentrés de l'État, collectivités territoriales, établissements publics) ou des acteurs privés (opérateurs de réseaux d'importance vitale, grandes entreprises, assureurs) à renforcer leur préparation aux crises par l'élaboration de planifications (dispositions générales et spécifiques ORSEC, plans de continuité d'activité, plans communaux de sauvegardes, plan de prévention interne, etc.) et la réalisation d'exercices (Reghezza, Laganier, 2012). Cette évolution s'observe en particulier pour le risque de crue majeure de la Seine et de ses affluents, et a été accélérée par la publication en 2014 d'un rapport de l'organisation de coopération et de développement économique (OCDE) sur la vulnérabilité de la région (OCDE, 2014) et par les crues de juin 2016 et de janvier 2018 (CCR, 2018).

Une crue majeure de la Seine est, par convention, une crue dont le niveau dépasse 7 mètres au pont d'Austerlitz. L'aléa hydrologique se traduit par des débordements de surface et des circulations d'eau souterraines, qui concernent un peu moins de 480 communes. Dans les espaces les plus densément urbanisés, au centre de l'agglomération, les inondations provoquent des perturbations en chaînes. Au-delà des destructions matérielles considérables liées aux submersions directes, l'interruption des réseaux d'importance vitale, en partie situés dans les sous-sols, crée des dommages fonctionnels majeurs, avec une diffusion des perturbations au-delà des zones directement submergées (Reghezza, 2006 et 2009). L'aléa hydrologique initial induit alors une crise nécessitant une approche systémique, car les perturbations se propagent à l'ensemble des composantes du système urbain, entraînant sa paralysie, avec des décalages dans le temps et l'espace qui rendent imprévisible l'évolution d'une situation qui devient rapidement incontrôlable.

La crise que constituerait une inondation majeure de la Seine et de ses affluents en Île-de-France est à la fois atypique et archétypale (Reghezza, 2006 ; OCDE, 2014 ; CCR, 2016) : atypique, car la superficie impactée (10 % du territoire régional, sans compter les débordements hors Île-de-France), la durée (plusieurs semaines, voire mois), la complexité des systèmes socio-techniques, le nombre d'acteurs et d'échelons concernés, la singularité des vulnérabilités en présence, font qu'elle a peu d'équivalents et qu'elle défie de ce fait les planifications traditionnelles ; archétypale, parce qu'elle est une crise complexe, où l'ensemble des incertitudes qui surviennent lorsqu'une situation exceptionnelle bascule dans le « hors-cadre » (Ladadec, 2012) se manifestent. L'objectif de cet article est par conséquent d'identifier les différentes formes d'incertitudes qui peuvent intervenir dans une crise systémique, puis de comprendre comment l'incertitude peut être intégrée à la préparation et la planification, alors même qu'un des acteurs interrogés déclarait à propos de son organisation : « nous sommes tétanisés par l'incertitude ».

Pour répondre à cette problématique, on reviendra d'abord sur les liens entre risque, crise et incertitude dans la littérature scientifique, puis on décrira la méthodologie qui a permis de construire l'étude de cas sur laquelle nous appuyons notre réflexion. On identifiera ensuite quatre formes d'incertitudes, avant de montrer comment elles interagissent et alimentent la crise, voire produisent des crises dans la crise. Ceci nous conduira à réinterroger les interactions entre incertitudes, inimaginable et de « hors-cadre ».

2   Crise et incertitude

Dans le langage courant, l'incertitude désigne ce que l'on ne sait pas, cette ignorance conduisant souvent à l'incapacité à décider. Pour Chalas *et al.*, l'incertitude renvoie ainsi à l'« inconnu et l'inattendu généralisés » (Chalas *et al.*, 2001). Dans la littérature scientifique, le terme recouvre plusieurs acceptions, qui désignent cependant toutes des situations qui touchent à ce que l'on ignore et ce que l'on sait, et à la capacité d'anticiper, de prévoir, de contrôler l'avenir. L'incertitude qualifie en particulier des situations pour lesquelles la « connaissance des différents scénarios possibles ainsi que leurs conséquences, est limitée, voire inexistante » (Haddad, Benois, 2014). L'incertitude est par exemple décrite comme une situation qui résulte du mélange entre insuffisance des connaissances scientifiques et imprévisibilité des effets, découlant de la complexité (Chailleux, 2016).

2.1 Incertitude vs risque

L'incertitude est étroitement liée à la notion de menace et de risque. En français, risque et menace sont synonymes. Les deux mots sont utilisés indifféremment pour nommer un événement dont on ne sait pas si, quand, où et comment il va se réaliser, mais dont on anticipe les conséquences négatives. Dans le champ des cindyniques en revanche, on oppose les deux notions en considérant la possibilité de soumettre l'aléatoire à « l'espace standardisé du calcul » des probabilités (Bourg *et al.*, 2013). L'incertitude désigne alors la part irréductible d'indétermination qui échappe à la « mise en risque » (Callon *et al.*, 2001 ; Borraz, 2008 ; Boudia, 2013). Cette distinction est ancienne puisque dès 1921, l'économiste Frank Knight dissociait dans son ouvrage *Risk, Uncertainty and Profit*, le risque, qui correspond à des événements probabilisables, et l'incertitude, qui désigne des événements dont on ignore jusqu'à la probabilité d'occurrence (Knight, 1921). John M. Keynes résumera ainsi l'incertitude, quelques années plus tard : « *we simply do not know* » (Keynes, 1937, p. 213-214).

Les sciences sociales, et en particulier la sociologie, ont abondamment travaillé le lien entre risque (Kermisch, 2012) et incertitude. P. Perretti-Wattel éclaire par exemple la distinction entre les univers risqué, incertain et indéterminé, présente chez les économistes et les actuaires, en définissant le risque comme « un mode de représentation, qui consiste à considérer un événement donné comme un accident sans cause nécessaire et suffisante, dont les conséquences sont mesurables et les occurrences prévisibles par le calcul probabiliste » (Perretti-Wattel, 2003). Il oppose alors la précaution, qui s'applique en univers indéterminé, et la prévention, qui s'applique en univers risqué. D'autres travaux distinguent le risque, objectivable car réductible par la probabilité, de l'incertitude dite « épistémique », qui est subjective au sens où elle est propre à la connaissance du sujet (Dupuy, 2009). Les travaux sur le principe de précaution (Ewald *et al.*, 2001) ou les nouvelles menaces (Bourg *et al*, 2013) ont également nourri les réflexions en montrant que la séparation entre risque et incertitude n'était pas aussi claire. P. Lascoumes utilise par exemple la notion de « risques résiduels » pour parler de « risques allant au-delà de ceux que les connaissances scientifiques et techniques permettent de cerner » (Lascoumes, 1996). Il reprend ainsi le terme de risque pour nommer ce qui relèverait *a priori* de l'incertitude. J.-P. Dupuy et A. Grinbaum ont montré de leur côté que les nouvelles menaces, telles que le changement global, renvoient à une incertitude qui est « objective » et non plus « épistémique » : elle n'est ni dans la tête du sujet connaissant, ni probabilisable ; il n'est pas possible de la « mettre en risque », et le principe de précaution n'est d'aucune utilité (Dupuy et Grinbaum, 2005).

Comme le souligne J.-M. Tacnet (Tacnet, 2009), la question de l'incertitude, qu'il s'agisse d'information imparfaite ou de prise de décision en univers indéterminé, a été peu traitée dans le champ des catastrophes dites « naturelles ». Ce champ relève en effet de l'univers risqué et de la prévention. Dans ce domaine, l'incertitude sanctionne l'incapacité à « convertir l'inconnu ou l'indéterminé en savoirs objectifs qui peuvent ensuite permettre un choix rationnel » (Reghezza, 2015). Ce point est particulièrement frappant dans le domaine des catastrophes urbaines liées à des aléas biophysiques, où les processus potentiellement dommageables font l'objet d'une « mise en risque » permanente, qui fonde la décision et l'action publique et privée. Qu'il s'agisse de prévention, de protection ou de gestion de crise, les acteurs cherchent à disposer du maximum de connaissances et d'informations pour décider « rationnellement » (Guimont, Petitimbert, Villalba, 2018), c'est-à-dire pour limiter les coûts humains, financiers, juridiques et politiques de leurs choix. Dès lors, la « mise en risque » est pensée comme un outil indispensable au service de la sécurité collective. Elle s'appuie sur l'application des techniques actuaires qui alimentent les analyses coût-bénéfice, avec pour objectif de réduire la part d'indétermination et d'inconnu qui caractérise l'incertitude.

Certains auteurs avancent même l'idée que « gérer le risque, c'est créer de la certitude » (Pesqueux, 2010). Si le problème du changement climatique global et de ses impacts sur les aléas hydro-climatiques permet de réintroduire l'incertitude dans la réflexion, notamment par le prisme de l'aménagement urbain (Rioust, 2012), c'est sans doute à partir de la crise que l'on peut replacer la question des catastrophes urbaines dites « naturelles » dans le champ des univers incertains et indéterminés.

2.2 La crise, « continent des inconnus[1] »

La crise constitue l'actualisation de la menace ou du risque. Elle nous fait quitter le champ du probable et du potentiel. Pour autant, la situation de crise ouvre une phase d'instabilité de tout ou partie des composantes du système affecté, qui engendre de nombreuses inconnues pour les acteurs en présence, qu'il s'agisse de la nature ou de l'ampleur des dommages, du déroulé de l'événement, de la succession des perturbations, de la réaction des enjeux, etc. Une crise se caractérise aussi par la « dislocation » (P. Lagadec) des cadres et des repères qui fondent la routine des organisations sociales. Elle constitue par conséquent une période faite d'imprévus et d'indécision pour les individus, les entreprises, les structures économiques ou politiques.

Pour ces raisons, les travaux se rejoignent sur l'idée que toute situation de crise est associée à la présence de multiples incertitudes (au pluriel) (Billings *et al.*, 1980 ; Boin et Lagadec, 2000 ; D'Autun, 2007, etc.). Ces incertitudes sont généralement décrites comme une source de pression forte sur les acteurs de la gestion, qui doivent apporter une réponse rapide, à un instant donné, alors même que le contexte est mouvant. La nature des incertitudes n'est cependant pas précisée, le terme générique d'« incertitude » pouvant recouvrir un ensemble de situations extrêmement diverses (Dedieu, 2013 ; Guilhou *et al.*, 2016 ; Masao *et al.*, 2018 ; etc.). Ces incertitudes sont toutefois souvent présentées comme une entrave à la prise de décision, alors même que la situation exige un choix rapide dont les conséquences peuvent être critiques.

La transformation récente de certaines menaces renforce encore cette analyse. Du fait de l'hyper-complexité des systèmes en présence, on observe une mutation des dynamiques de risque et d'endommagement et de la spatialité des risques (November, 2008 et 2011). Des perturbations, même faibles et localisées, peuvent par exemple se propager rapidement à l'ensemble du système urbain du fait de l'intrication de ses composantes. L'ubiquité des dysfonctionnements est souvent assimilée à un changement d'échelle spatiale, qui se traduit par un accroissement de la superficie concernée par les dommages, d'où l'expression de « risques à grande échelle » utilisée par E. Michel-Kerjan (Michel-Kerjan, 2000), qui traduit le passage de l'échelle locale à l'échelle régionale, nationale voire mondiale. Cette ubiquité constitue un changement qualitatif, avec des dynamiques multiscalaires et

---

1   Nous adaptons ici le titre d'un ouvrage de Patrick Lagadec (Lagadec, 2015).

transcalaires de diffusion des perturbations et des chaînes d'endommagements de plus en plus complexes. Ces processus non linéaires sont provoqués par des effets dominos, eux-mêmes engendrés par l'interconnexion des réseaux, des systèmes productifs ou encore des territoires (Reghezza, 2015b).

Le caractère systémique de ces processus d'endommagement est à l'origine de « crises hors-cadre », qui ont été largement décrites et analysées par P. Lagadec. Les « crises-hors cadre » sont des crises majeures, protéiformes, qui font basculer les organisations gestionnaires *hors* des schémas opérationnels habituels. L'ampleur des perturbations et des dommages provoque un effondrement temporaire, qui se traduit *quasi* simultanément par la paralysie des fonctions les plus critiques, la désorganisation des secours et l'émergence de perturbations secondaires en cascade, qui plongent le système dans une situation totalement chaotique. Les crises hors-cadre sont souvent associées à des méga-chocs, qui entraînent des destructions importantes, des évacuations massives, un *black-out* total et un sentiment général d'impuissance et d'abandon. La crise consécutive à l'ouragan Katrina en est un exemple paradigmatique (Guilhou *et al.*, 2006 ; Lagadec, 2012).

Le hors-cadre peut concerner tout événement susceptible de rendre caduques des planifications pourtant bien rodées, de dépasser les moyens humains et logistiques, d'empêcher une réponse coordonnée et anticipative, d'entraîner une déstabilisation profonde et durable du système territorial. Le hors-cadre peut ainsi être interprété comme une situation où l'incertitude est maximale. La « mise en risque » permettait de réduire la part d'indétermination propre à l'aléatoire. Les dispositifs de gestion de crise reposent sur des protocoles normés allant des exercices de préparation à la planification *ex ante* des moyens et des procédures, qui visent à produire des routines pour limiter l'incertitude inhérente à toute situation d'instabilité. Les crises « hors-cadre » font précisément voler en éclat ces tentatives de contrôle de l'incertitude.

3 Contexte et méthodologie

Une crue majeure de la Seine et de ses affluents constitue par son ampleur, son extension spatiale et sa durée, un exemple de crise hors-cadre. Cet événement est donc particulièrement intéressant pour penser le lien entre incertitude(s) et crise.

3.1 Un programme de recherche-action « embarqué » au sein des cellules de crise

Le présent article rend compte des résultats d'un projet de recherche de deux ans, le projet « Uncertain », engagé en septembre 2015 auprès de la zone de Défense et de sécurité de Paris et de son secrétariat général (SGZDS). Le SGZDS est en charge de la gestion des événements majeurs qui se produisent sur le périmètre de la zone de Défense et de sécurité de Paris, qui épouse les limites de la région administrative. Placé sous l'autorité du Préfet délégué pour la Défense et la Sécurité, lui-même sous l'autorité du Préfet de Paris qui est aussi préfet de zone, le SGZDS a notamment pour mission de coordonner l'engagement et l'action des moyens extra-départementaux nécessaires pour renforcer le territoire où se déroule la crise. Il est aussi en charge de la planification, qui s'inscrit dans le dispositif national d'organisation de la réponse de sécurité civile (ORSEC).

Le projet de recherche s'inscrit dans le consortium « Euridice »[2], qui a mobilisé un collectif pluridisciplinaire de chercheurs travaillant chacun sur une thématique particulière. L'originalité de la production des connaissances réside dans le partenariat institutionnalisé avec le SGZDS, qui a permis d'avoir accès à l'ensemble des personnels, documents, salles de gestion de crise (les centres opérationnels départementaux (COD), zonaux (COZ), cellules de crises des opérateurs, etc.), etc. Il s'agit donc d'un « programme de recherche-action embarqué » (Euridice, colloque de restitution des résultats, Maison de la Radio, 12 avril 2018). L'acquisition de certaines informations a été conditionnée à l'obtention d'une habilitation de sécurité (niveau confidentiel défense) et de la signature d'une charte de confidentialité.

Durant les deux années, les chercheurs ont pu de façon très libre observer et échanger avec les personnels, tout en restant entièrement indépendants. Les interactions ont eu lieu à la fois dans le cadre d'entretiens formels, de discussions, de restitutions des résultats, de participation à des réunions, etc.

3.2 La focalisation sur le risque inondation

Si le projet de recherche collectif portait sur l'ensemble des situations de crises, prévues et imprévues, traitées par le SGZDS, la problématique du projet « Uncertain » a été centrée sur la question des inondations, à la fois pour des raisons scientifiques, pratiques et conjoncturelles.

Le territoire francilien est exposé à un risque d'inondation majeur lié aux crues de la Seine et de ses affluents, qui représente la première menace en termes d'endommagement matériel et de coûts à l'échelle régionale et nationale (CCR, 2016). Ce risque est désormais bien documenté, puisque les conséquences des différents types de submersions provoquées par ces crues (débordement fluvial, remontée des nappes et circulation d'eau souterraines, résurgences par les réseaux) ont été étudiées par des chercheurs (Reghezza, 2006 ; Beucher, 2007 ; Lhomme, 2012) et par différentes institutions (OCDE, 2014).

Le risque inondation prend paradoxalement la forme d'un risque technologique, avec une panne généralisée qui perturberait fortement la vie quotidienne des populations franciliennes et paralyserait la vie économique à l'échelle régionale, avec de forts impacts à l'échelle nationale. Un tel événement produirait une crise systémique, venant s'ajouter à la classique destruction directe de biens matériels. L'interpénétration des systèmes technologiques, financiers et productifs, et l'interdépendance forte entre les territoires provoqueraient, par effets dominos,

---

2   Équipe de recherche sur les risques, dispositifs de gestion de crise et des événements majeurs, sous la direction de Valérie November.

une diffusion des perturbations hors de la zone inondée à l'échelle régionale, nationale et même, dans une moindre mesure, européenne.

L'étude réalisée par l'OCDE en 2014 estime ainsi les dommages à une fourchette de 3 à 30 milliards d'euros en coûts immédiats et jusqu'à 3 points de PIB en cumulé (soit environ 60 milliards d'euros) sur cinq ans. Plus de 800 000 personnes habitent en zone inondable, près de 750 000 emplois sont directement menacés, plus de 1,5 million de personnes seront potentiellement touchées par des dysfonctionnements majeurs rendant leur logement inhabitable (coupure d'électricité, d'assainissement, de chauffage, etc.), jusqu'à 5 millions pourront être ponctuellement concernées par des perturbations de la vie quotidienne. Les hôpitaux, les établissements d'hébergement pour personnes âgées dépendantes (EHPAD), les établissements scolaires et universitaires, les administrations, les prisons, les médias, les établissements bancaires, etc. subiront des perturbations qui pourront nécessiter leur fermeture et/ou leur évacuation partielle ou totale pendant plusieurs semaines. À l'échelle du pays, les grandes administrations et les institutions assurant des fonctions régaliennes, les sièges sociaux des grandes entreprises, les donneurs d'ordres économiques, la presse nationale, une partie des laboratoires de recherches et des universités, les grands aéroports, le marché d'intérêt national de Rungis, etc., fonctionneront au mieux au ralenti. On a donc affaire à un risque susceptible d'engendrer une crise humanitaire, avec des déplacements massifs de personnes, sur des durées plus ou moins longues, et des conditions de vie très dégradées, y compris pour des populations extrêmement vulnérables (personnes âgées et isolées, malades, personnes à mobilité réduite, individus ou familles en situation d'extrême précarité, etc.), et une crise économique majeure.

3.3 Méthodologie

L'hypothèse de départ était qu'en cas d'occurrence de ce type d'événement, alors même que la crise paraît inéluctable du fait du caractère limité des solutions d'atténuation de l'aléa (mitigation) et de protection, l'imprévisible et l'imprévu ne sont plus conjoncturels mais structurels. L'objectif était alors d'identifier les formes d'incertitudes en présence, afin de distinguer ce qui relève de l'« ordinaire » des crises (Dedieu, 2013), de l'ignorance conjoncturelle mais réductible (Callon *et al.*, 2001) et de l'imprévisible structurel (Lagadec, 2015), puis de voir, dans un second temps, comment la planification pouvait (ou non) intégrer la composante « incertitude ».

Pour cela, la recherche s'est appuyée principalement sur deux outils : l'entretien semi-directif et l'observation participante. Une dizaine d'entretiens ont été réalisés (entre une et trois heures) auprès de différents interlocuteurs du SGZDS, sans enregistrement mais avec prise de notes. Ils ont été complétés par de nombreuses discussions plus informelles et régulières avec ces personnes, ainsi qu'une dizaine de leurs collègues. D'autres entretiens ont été menés en dehors du SGZDS avec différents acteurs de la sécurité civile et publique.

Le projet a ensuite pu bénéficier du dispositif d'observation multi-situé, mis en place par l'équipe de recherche lors de l'exercice EU-Sequana. Ce dispositif, imaginé par les responsables du projet, a reposé sur une grille d'observation commune qui a été complétée par quarante observateurs. Chaque jour, entre 5 et 12 lieux différents ont pu être observés. Les 3 700 lignes d'observations ont ensuite été compilées et redistribuées à l'ensemble des chercheurs impliqués. Ce dispositif a été réactivé lors de la crue de juin 2016, le nombre d'observateurs étant moindre. Parallèlement, des observations participantes ont été effectuées durant plusieurs réunions de retours d'expérience (Retex) sur la crue de juin 2016, des réunions ou des journées de préparation à la crue organisées par différents acteurs régionaux et des comités scientifiques.

Les observations se sont déroulées dans trois contextes très différents : l'exercice EU-Sequana, qui s'est déroulé du 7 au 13 mars 2016 ; la crue de juin 2016, qui a atteint son pic dans la nuit du 3 au 4 juin (6,10 mètres au pont d'Austerlitz) ; la crue de janvier 2018 avec un premier pic le 11 janvier à 4,05 mètres à Austerlitz et un second pic le 29 janvier à 5,84 mètres (figure 1).

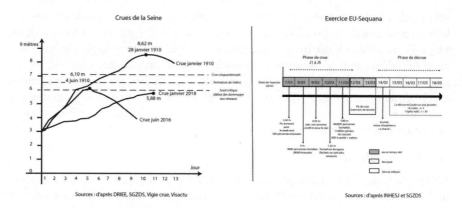

Sources : d'après DRIEE, SGDZS, Vigiecrue, Visactu, INHESJ.

Fig. 1   Crues réelles *vs* scénario de l'exercice EU-Sequana.
             Actual flooding events against scenarios as used in the EU-Sequana exercise.

EU-Sequana était un exercice « grandeur nature » (Créton-Cazenave et November, 2017) visant à simuler une situation de crise majeure sur l'Île-de-France en mobilisant pendant quinze jours quatre-vingt-sept « partenaires », publics et privés, à l'initiative du SGZDS. Cet exercice de mise en situation associait des exercices « sur table » et quelques exercices de terrain. Il reposait sur une équipe d'animation et sur l'écriture d'un scénario, qui comportait une centaine d'événements, les *stimuli*, envoyés soit à l'ensemble des joueurs, soit à une organisation en particulier. D'emblée, la date du pic de crue était connue et était identique pour tous les acteurs, ce qui ne correspond pas à ce qui se produirait dans la réalité. En effet, l'exercice n'avait pas pour objectif de faire jouer la prise de décision en situation d'incertitude, alors même qu'il a été perçu par les acteurs comme une « répétition générale » (Fayeton, Portier, 2017, p. 45). Il devait seulement permettre de tester les procédures : c'est pourquoi, les situations proposées aux joueurs impliquaient qu'ils n'aient pas à se questionner sur l'opportunité de déclencher les plans. Les points de situations transmis étaient suffisamment complets pour « laisser peu de place au doute » (Fayeton, Portier, 2017, p. 97).

La crue de juin 2016 a été observée sur un temps beaucoup plus court, uniquement au centre opérationnel zonal. À la différence de l'exercice EU-Sequana, qui « n'était pas une crue, mais une représentation idéal-typique du réel » (Fayeton, Portier, 2017, p. 100), la crue de juin est une *crise réelle*, qui n'a touché cependant qu'une partie du territoire francilien, hors de l'agglomération métropolitaine proprement dite. Contrairement à l'événement joué en mars 2016, il s'agissait d'un événement à cinétique rapide, qui a lieu à la fin du printemps et non en hiver, avec un pic à Paris très inférieur au niveau centennal. La comparaison entre cette crise et l'exercice s'est toutefois révélée extrêmement pertinente, puisque les acteurs ont été confrontés cette fois-ci à la prise de décision en situation d'incertitude et ont dû s'interroger sur l'opportunité du déclenchement de certaines procédures.

La crue de janvier 2018 a enfin été observée depuis « l'extérieur » des cellules de crise. Cette crue avait une cinétique très différente de celle de juin. Elle ne concernait pas non plus les mêmes territoires. Il est trop tôt pour bénéficier des retours d'expérience (en dehors de Retex « à chaud ») et les entretiens formels avec les acteurs viennent de commencer. Il a cependant été possible d'échanger pendant l'événement et dans l'immédiat après-crise avec plusieurs acteurs impliqués dans la gestion (SGZDS, gendarmerie nationale, Établissement public territorial de bassin Seine grands-lacs, Direction régionale et interdépartementale de l'environnement et de l'énergie (DRIEE), assureurs, sapeurs-pompiers, etc.).

4   Quelle(s) incertitude(s) pendant la crise ?

Les formes d'incertitudes qui sont apparues pendant l'exercice et les crises réelles ont déjà été identifiées dans la littérature scientifique sur les risques et les crises (Lagadec, 1981 ; Lascoumes, 1996 ; Dupuy et Grinbaum, 2005 ; Taleb, 2010 ; Bourg *et al.*, 2013 ; etc.). Le propos n'est pas de dégager des formes inédites d'incertitude, mais de nommer des situations vécues par les acteurs. Par souci de clarté, il est nécessaire de distinguer dans un premier temps les différents types d'incertitudes. On reviendra dans la discussion finale sur les interactions entre ces dernières.

4.1 L'imprévu connu et anticipé :
l'« ordinaire » des situations de crise (F. Dedieu)

La plupart des acteurs interrogés associent immédiatement l'incertitude à l'imprévu, qu'ils caractérisent comme consubstantiel à la situation de crise. Toutes les personnes ayant participé à une gestion de crise s'appuient sur leurs expériences passées pour décrire la multiplicité des imprévus qu'ils ont pu rencontrer. Elles en citent généralement deux formes principales : la défaillance technique (panne, dysfonctionnement, etc.) et la défaillance humaine (maladie, incapacité à se rendre sur le site, stress, sidération, erreur d'appréciation, etc.), les deux pouvant conduire à une défaillance organisationnelle. Dans leur discours, l'imprévu est d'abord associé à un événement négatif, même si les entretiens montrent qu'il existe aussi parfois des imprévus « positifs » qui facilitent leur travail.

Pour les personnes interrogées, la gestion de crise consiste à anticiper l'imprévu et à s'y préparer. Gérer une crise demande en effet de développer des routines qui vont permettre de faire face aux imprévus, alors même que ces derniers constituent une « déviance par rapport au fonctionnement routinier de l'organisation » (Clegg *et al.*, 2002 ; Adrot, Garreau, 2010). Ce discours est très présent chez les pompiers. Plusieurs acteurs ont insisté sur le fait que l'imprévu nécessite de quitter la logique du plan, où les actions sont cadrées en amont par des procédures décrites comme rigides, pour celle de la « conduite », qui suppose adaptabilité et prise d'autonomie. Mais les personnels du SGZDS interrogés à ce sujet insistent sur le fait que la conduite n'invalide pas la nécessité de la planification en amont, bien au contraire. La planification est l'outil qui va permettre de définir des procédures et la répartition des moyens qui permettront aux différents acteurs d'agir de façon autonome et réactive (Planchon, Reghezza, 2017).

L'imprévu appelle plus largement une improvisation de la part des acteurs, qui correspond « à un processus d'adaptation au cours duquel les individus doivent "faire avec" les ressources disponibles afin de les combiner de manière innovante dans une quasi-simultanéité de la décision et de l'action » (Adrot, Garreau, 2010), ce qu'A. Adrot résume en « on décide quelque chose au moment où on le fait ».

Ces éléments ont été corroborés par les différentes observations. Par exemple, lors de l'exercice EU-Sequana, de nombreux « *stimuli* » (ou *inputs*) du scénario correspondaient à des « imprévus ». Durant l'exercice, des imprévus hors scénario sont aussi survenus : panne d'imprimante, dysfonctionnement d'un téléphone, etc. Ces événements ont pu susciter chez des joueurs un stress important, allant parfois jusqu'à créer de fortes tensions, une désorganisation plus ou moins importante de la cellule de crise, voire, ponctuellement, un abandon du jeu. Des imprévus se sont aussi produits en situation « réelle ». En juin 2016, de très nombreux capteurs des stations télétransmises ont été endommagés, ce qui a notablement compliqué l'annonce des crues. Des liaisons téléphoniques ont été coupées (CGEDD, 2017, p. 25). Les problèmes à la station ultrason du pont d'Austerlitz à Paris, probablement liés à l'envasement de la galerie d'amenée au puits de mesure, alors qu'aucun dysfonctionnement n'avait été constaté lors des crues de 1955 et 1982 (DRIEE, 2016, p. 26), ont entraîné un écart de mesure pouvant aller jusqu'à 30 centimètres pendant dix-huit heures.

4.2 L'inconnu connu (N. Taleb, 2010)

L'incertitude peut être également assimilée par les acteurs à l'inconnu, entendu comme ce qu'on ignore par manque de données ou d'outils pour récolter et/ou traiter ces données. L'inconnu peut résulter soit d'un déficit de connaissances, soit d'une surabondance de connaissances.

Dans le premier cas, les individus ne disposent pas de l'information requise, soit parce qu'elle n'existe pas, soit parce qu'elle n'est pas localisée, soit parce qu'elle n'est pas comprise. Par exemple, la circulation de l'eau dans les sous-sols est très mal connue. Les travaux scientifiques sont peu nombreux (Lamé, 2013), difficiles d'accès pour des non spécialistes (il s'agit de thèses universitaires ou de rapports internes). En juin 2016, les gestionnaires ne disposaient pas de données sur les remontées de nappes en temps réel, ce qui entravait considérablement leur capacité d'anticipation et augmentait fortement l'incertitude sur les zones impactées. En janvier 2018 en revanche, la mairie de Paris avait mis en ligne une cartographie des caves et sous-sols inondés, qui était régulièrement actualisée.

Le manque de connaissances s'explique en partie par leurs conditions de production : absence ou manque d'études, difficultés à récolter les données, outils insuffisants pour les traiter. Certains acteurs déclarent aussi, paradoxalement, que l'élargissement des connaissances peut être un facteur d'incertitude, dans la mesure où il fait apparaître de nouveaux problèmes dont on ignorait jusque-là l'existence. Ces problèmes constituent de nouvelles inconnues qu'il n'est pas possible de résoudre immédiatement étant donné l'état des savoirs et/ou des outils scientifiques et techniques. Plusieurs acteurs ont par exemple évoqué le rôle du changement climatique dans l'évolution des fréquences et intensités des crues. Les groupes de travail de la Stratégie locale de gestion du risque inondation ont pointé la méconnaissance de certains réseaux comme l'assainissement, qu'il s'agisse de l'état de l'infrastructure ou de l'impact de la défaillance de ces réseaux dans le fonctionnement du système urbain.

Dans le second cas au contraire, l'incertitude découle du fait qu'il y a trop d'informations, de sorte que les individus ne sont plus capables de trier et hiérarchiser les données pour en tirer les connaissances nécessaires à la décision et/ou à l'action. L'analyse des observations multi-situées pendant l'exercice de 2016 montre ainsi la difficulté pour certains gestionnaires à trouver une information pourtant existante, à l'interpréter correctement et à la croiser avec d'autres données (Adrot, Sauvée, 2017). Plus le système territorial, le système d'acteurs et *in fine*, la crise, sont complexes, plus les données affluent. Les gestionnaires doivent alors sélectionner et croiser des sources multiples, tout en ne disposant pas forcément de l'expertise nécessaire pour opérer ces choix et interpréter l'information dont ils disposent.

Dans ce cas de figure, l'inconnu tient souvent à des raisons organisationnelles. Le *turn-over* des agents fait que les nouveaux arrivants doivent s'acculturer à une multiplicité de risques, en très peu de temps, sans forcément savoir où trouver l'information ou comment l'utiliser. La formation pose aussi problème. Par exemple, grâce aux progrès de la modélisation, les gestionnaires disposent aujourd'hui d'une cartographie « Zones inondées potentielles » (ZIP), qui donne le contour d'une crue sans donner d'indications relatives aux hauteurs d'eau, et de cartes « Zone iso classes hauteurs » (ZICH). Cette cartographie a été diffusée pendant l'exercice de mars 2016. Tous les acteurs ne sont cependant pas capables de l'utiliser, faute d'une familiarisation préalable avec l'outil cartographique.

Dans le cas francilien, il faut enfin souligner le rôle du « secret » dans l'inconnu. Ce secret peut être lié à deux situations distinctes. Le territoire de la métropole accueillant des fonctions politiques régaliennes, il existe des informations classifiées à des degrés divers, qui touchent à la sécurité et à la sûreté nationale et qui ne sont donc pas publiques. Le secret est aussi le fait de certains acteurs, notamment d'opérateurs privés, qui refusent de partager leurs données en avançant soit des clauses de confidentialité, soit le problème de la concurrence. Pourtant, le caractère systémique du risque implique des interdépendances fortes entre les acteurs du territoire, les actions de prévention et de protection des uns, celles ayant des conséquences sur celles des autres, et réciproquement (Toubin, 2013 ; Gueben-Venière, 2017). Planification, exercices et retours d'expérience permettent aux différents acteurs de prendre conscience de l'avantage coût-bénéfice à partager ces informations et à restreindre le périmètre du secret.

4.3 L'imprédictible ou imprévisible structurel : on sait qu'on ne saura pas

L'incertitude peut être également un « imprévisible structurel ». Certains événements, certains processus, sont par essence imprédictibles. Les acteurs interrogés ont conscience de l'imprévu. Ils déclarent souvent qu'« on ne peut pas tout prévoir », entendant par là qu'il peut toujours se produire un événement qui n'avait pas été anticipé. L'imprédictible renvoie en revanche à ce qu'on *ne peut pas* prévoir de manière structurelle. On se rapproche ici de la définition du « risque résiduel » de P. Lascoumes que nous n'avons cependant pas repris, car l'expression peut donner l'impression aux acteurs que d'une part, il ne s'agit que d'une fraction marginale du problème (alors qu'elle est centrale et consubstantielle aux crises systémiques) et que, d'autre part, la mise en risque n'est que différée. L'incertitude structurelle ne renvoie ni à un déficit de connaissance à un moment donné, ni à un problème de seuil qui empêche d'appréhender le problème, ni même à la difficulté d'intégration du temps moyen et long (même si ce problème vient se surimposer). L'incertitude structurelle relève des incertitudes non probabilisables mais objectives dont parle J.-P. Dupuy à propos des systèmes complexes chaotiques.

Par exemple, pour les crues majeures à cinétique lente, la nature du processus physique empêche une prévision à plus de 72 heures des hauteurs d'eau, avec, en pratique, la possibilité de prévision à 24/48 heures assortie localement de fortes marges d'erreur. Ce manque de visibilité est un problème majeur pour l'anticipation et la mise en œuvre de mesures préventives.

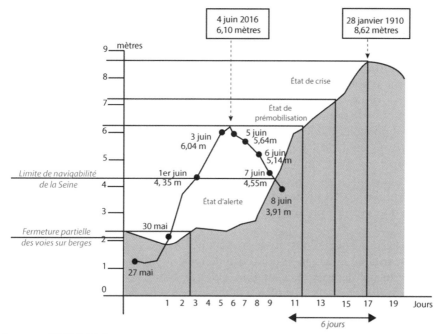

Sources : SGZDS, Vigicrue.

Fig. 2 Comparaison entre la crue de janvier 1910, la crue de juin 2016 et les seuils d'alertes définis par le SGZDS.

Comparison between the floods of January 1910, June 2016 and the flood warning levels defined by the SGZDS (Secretariat of the Defence and Security Zone).

La figure 2 est tirée d'un diaporama présenté à plusieurs reprises par la zone de défense lors des retours d'expérience de la crue de juin 2016. Très pédagogique, le graphique permettait aux partenaires du SGDZS de saisir la différence entre la crue qu'ils venaient de vivre et la crue jouée pendant l'exercice du mois de mars. Le graphique a été repris pour ajouter des marques qui permettent de reporter les différents seuils d'alerte établis au niveau du SGZDS. On voit qu'il a fallu six jours en 1910 pour passer de la hauteur d'eau de juin 2016 à celle du pic de 1910, que le seuil « état d'alerte » est à 6,10 mètres, soit le niveau de l'eau le 4 juin 2016 et que le seuil « état de crise » est atteint à 7,13 mètres, soit trois jours après. Cela signifie que de nombreuses décisions devront être prises sans qu'il soit possible de savoir si, *effectivement*, on se trouve dans un scénario de crue centennale (voire de crue plus importante) et alors même que, comme l'ont montré aussi bien EU-Sequana que les événements de juin 2016, les moyens sont déjà fortement sous pression à 6,10 mètres. La plupart des mesures d'évacuation et de protection exigent plus largement un délai incompressible pour garantir la sécurité des personnes, qui est quasiment identique à la visibilité permise par les prévisions.

Cette imprévisibilité structurelle est identifiée par plusieurs acteurs comme un risque en soi. Si l'impossibilité à anticiper l'évolution du niveau de l'eau à plus de 72 heures est parfaitement intégrée par les gestionnaires familiarisés avec le dossier (SGZDS, DRIEE, Grands Lacs de Seine, RATP), elle est très largement ignorée par les autres acteurs, y compris dans des administrations centrales qui ne sont directement pas en charge du dossier inondation. Pour les acteurs de la prévision interrogés, l'imprédictibilité alimente la défiance vis-à-vis des pouvoirs publics et complique leur travail. L'absence de réponse ou l'affirmation qu'il est « impossible de prévoir » est perçue comme une forme d'incompétence qui conduit leurs interlocuteurs à se décharger des responsabilités qui leur incombent ou à adopter des postures de déni et de mise en retrait. Plus largement, les observations ont montré à quel point l'absence de préparation à ce type d'incertitude produit des pressions fortes sur les cellules de crise et de la désorganisation.

Les gestionnaires n'ont, jusqu'à présent, pas été confrontés à une prise de décision critique en situation d'incertitude radicale. Dans l'exercice EU-Sequana, la date du pic de crue était annoncée dès le début de l'exercice. Les acteurs pouvaient donc adapter leur plan en fonction de cette donnée. En juin 2016, le pic du vendredi 4 juin avait été annoncé le mardi 1er juin. En 2018, la fébrilité concernant la montée des eaux était perceptible chez les gestionnaires dès le mardi 23 janvier, date à laquelle, l'OCDE présentait un rapport d'étape sur le suivi des préconisations du rapport de 2014. Si l'annonce du pic a été régulièrement repoussée (du vendredi 26 au lundi 29 janvier), avec l'introduction de la notion de « plateau » pour expliquer la lenteur du phénomène au grand public, si les estimations ont été régulièrement revues à la baisse, l'incertitude a commencé à poser des difficultés, notamment pour la gestion des lacs-réservoirs qui permettent de réguler la Seine et ses grands affluents. Toutefois, l'amorce de la décrue a rapidement fait retomber la pression.

4.4 L'inimaginable : « on ne sait pas qu'on ne sait pas » (et on pense savoir)

Une dernière forme d'incertitude renvoie à l'inimaginable. Dans les trois cas qui précèdent, les acteurs sont conscients de leur ignorance. Pour reprendre les catégories de N. Taleb (Taleb, 2010), les gestionnaires « savent qu'ils ne savent pas », ce qui les conduit soit à combler, soit à contourner le déficit de connaissances. Ils intègrent par exemple l'imprévu comme une donnée de la crise. Mais les entretiens et les observations font également ressortir une incertitude associée à l'inimaginable : on ne sait pas que l'on ne sait pas, car c'est proprement inconcevable. Cet inimaginable a été par exemple étudié par K. Weick, qui montre comment un événement impensé peut provoquer l'effondrement d'une organisation en engendrant une perte de sens qui empêche les individus qui composent l'organisation de comprendre ce qui se passe et d'agir, l'ensemble des cadres de référence disparaissant (Weick, 1993).

Il existe dans le contexte francilien des impensés de la crise, qui varient beau-coup toutefois en fonction des acteurs, de leur implication dans la planification, de leur expérience et de leur sensibilisation au risque. Certains impensés résultent parfois de croyances solidement ancrées : « on a le temps de voir venir », « on sait évacuer Paris », « habiter en étage nous protège », « tant qu'il n'y a pas d'eau dans les rues, on ne risque rien », « les barrages empêcheront la crue/l'inondation », « on enverra l'armée », « on a des générateurs », « on va inonder la banlieue », etc. Ces affirmations apparaissent régulièrement dans les discours des acteurs du territoire, y compris chez des gestionnaires en charge du dossier inondation, malgré les campagnes d'information menées. L'ampleur des dommages, les déplacements de population, la mortalité, la post-crise, le temps de la reconstruction, les conséquences sanitaires et environnementales, etc. demeurent largement inconcevables, au-delà d'un cercle très restreint de spécialistes, et alors même que les diagnostics existent.

D'autres impensés renvoient à une difficulté à se figurer la perte de contrôle et la limite de la planification. La perte de contrôle est assimilée à une défaillance, interprétée en termes d'incompétence ou d'incapacité individuelle par la plupart des acteurs. Certains évoquent aussi, de façon moins explicite, la défaillance organisationnelle de l'institution. La possibilité du « hors-cadre » est certes perçue par les professionnels, notamment les plus expérimentés, qui évoquent alors un « scénario-catastrophe » proche du film hollywoodien, le chaos généralisé et la figure du héros qui se dépasse et va au-delà de ses propres limites. Ces mêmes personnes expriment dans le même temps un sentiment de fatalisme et de résignation (« que voulez-vous qu'on fasse dans un tel cas ? », « ce sera le chaos », « on ne peut pas se préparer à ça », « on ne pourra pas être tenus pour responsables », etc.)

Dans le cas de la crue centennale, la préparation à l'événement alimente paradoxalement ces impensés. Par exemple, l'exercice EU-Sequana a consolidé l'idée qu'une crue arriverait forcément en janvier avec une cinétique lente. Le scénario avait été *volontairement* construit pour permettre aux partenaires de tester leurs plans de gestion, ce qui explique la focalisation sur une crue centennale hivernale. Malgré les précautions prises lors de la présentation de l'exercice aux joueurs, l'idée que la crue puisse être décalée dans le temps, avec une cinétique différente et une hauteur d'eau plus importante, n'a pas été comprise par les acteurs du territoire (qui découvraient pour beaucoup le risque), pas plus que la possibilité de crues multiples, de crues avec des débits plus importants, etc. Dans les Retex de juin 2016, beaucoup d'acteurs ont insisté sur le fait qu'« on nous avait dit que cela n'arriverait pas en juin », alors que le message de départ était que les crues *centennales à cinétique lente* se produisaient en janvier-février. Les crues de la Seine en juin n'ont pourtant rien d'exceptionnel et sont connues des spécialistes. L'historien Emmanuel Garnier a d'ailleurs rappelé à de multiples reprises la récurrence de ce type d'événement entre avril et juin, avec des cinétiques plus rapides. Mais cet aléa était devenu inimaginable.

5   Discussion

Une fois ces distinctions établies, plusieurs éléments peuvent être discutés. Il faut notamment questionner les liens entre les différents types d'incertitudes et le rôle de l'inimaginable, en tenant compte de la spécificité de la crise francilienne. On examinera également les relations entre incertitude(s) et hors-cadre et la façon de s'y préparer.

5.1 Interactions imprévues, inconnues et imprévisibles

Les catégories d'incertitudes proposées ne sont pas étanches. Elles interagissent en permanence et s'entretiennent.

L'imprévu entrave la fabrique de la connaissance et alimente l'inconnu. Le dysfonctionnement inopiné du capteur d'Austerlitz a, par exemple, « contribué à brouiller les prévisions » lors de la crue de juin 2016, nourrissant l'ignorance sur l'évolution du processus physique (CGEDD, 2017, p. 133). Plusieurs acteurs interrogés ont décrit la situation de « flottement », parfois de « panique » (au sens figuré). Avant que le capteur ne dysfonctionne, le pic de crue était annoncé à une hauteur inférieure à 6,30 m, ce qui avait rassuré les gestionnaires. Ce seuil entraîne en effet l'activation de mesures de sauvegarde, qui n'avaient pas été anticipées puisque les prévisions indiquaient une cote moindre. La défaillance du capteur a donc produit de l'inconnu sur l'évolution de la crue et a fabriqué une crise à l'intérieur de la crise. En effet, si la correction à 6,50 m proposée par les services de l'État a été *in fine* nettement surévaluée, son annonce a forcé les gestionnaires à changer brutalement de stratégie, désorganisant temporairement la routine des cellules de crise qui suivaient jusque-là la procédure établie pour une hauteur d'eau qui nécessitait simplement une vigilance accrue.

Inversement, l'imprévu peut découler d'un déficit de connaissances. Ainsi, le manque de données sur les circulations d'eau souterraines et sur leurs interactions avec la surface, fait qu'il est difficile d'anticiper leurs effets sur le territoire. Le cas des réseaux d'assainissement est particulièrement intéressant : la vulnérabilité de ces réseaux reste très mal connue par les opérateurs eux-mêmes, alors même qu'ils sont à l'origine de résurgences d'eaux usées non traitées. Ce type de débordement impose d'évacuer les zones touchées à cause des risques sanitaires induits. Les résurgences des réseaux d'assainissement et les évacuations qu'elles provoquent, sont autant d'imprévus qui viendront alimenter la crise, car elles demanderont de mobiliser très rapidement des moyens sur des territoires *a priori* non identifiés comme vulnérables.

Enfin, l'imprévisibilité structurelle génère de l'imprévu et de l'inconnu. Par exemple, les documents produits par le SGZDS indiquent une correspondance entre des niveaux d'eau et l'activation de certaines mesures de mise en sécurité et de prévention (fermeture des voies sur berges, arrêt de la navigation, etc.) (fig. 2). Toutefois, ces seuils ne s'imposent pas juridiquement aux gestionnaires, qui peuvent déclencher leurs plans de protection et de continuité d'activité selon leur propre logique (notamment économique), mais aussi, en fonction des injonctions d'autres acteurs. En l'absence de visibilité sur l'évolution de la montée des eaux à plus de soixante-douze heures, les seuils deviennent très largement inopérants : les gestionnaires doivent anticiper la mise en œuvre des dispositifs, alors même qu'ils ignorent si la cote qui nécessite l'application de ces mesures sera atteinte. Cette situation rend à son tour imprévisibles les arbitrages qui seront rendus, y compris au plus haut niveau de l'État. Les retours d'expérience montrent que les décisions ne correspondent pas aux différents seuils, ce qui les rend imprédictibles, alors même que les actions engagées par certains opérateurs ont des effets déterminants sur le reste de leurs partenaires, du fait des interdépendances. L'imprévisibilité nourrit la décision au coup par coup, qui empêche une vision globale des actions menées et conduit à décréter des mesures contradictoires. Par exemple, pendant l'exercice EU-Sequana, les observateurs se sont rendu compte que la protection du matériel roulant de la SNCF entrait en conflit avec la réquisition de ce même matériel pour faciliter l'évacuation (Planchon, Reghezza, 2017). Les gestionnaires de crise redoutent aussi les conséquences d'une prise de décision trop précoce ou trop tardive, et l'effet de certaines annonces (gratuité des transports, évacuation des EHPAD, etc.), qui peuvent créer de la panique ou provoquer de nouvelles perturbations en chaîne non anticipées. Le contenu et le moment de la décision sont par conséquent des sources d'imprévu(s) et d'inconnus multiples.

5.2 Certains types d'incertitudes sont inimaginables

Il apparaît que, contrairement à l'imprévu, l'inconnu et l'imprévisible sont souvent des impensés. Ils sont, dans une certaine mesure, inimaginables.

Concernant l'inconnu, de nombreux acteurs n'ont ainsi pas conscience de leur ignorance des caractéristiques fondamentales d'une crise liée à une crue majeure de la Seine. Comme le rappelle le niveau étatique, « quelle que soit la nature de la crise, le processus de gestion de crise est toujours le même ». Sauf exception, les gestionnaires ne sont donc pas experts de l'aléa qu'ils ont à traiter. Ils le découvrent souvent au moment de la crise. Dans le cas francilien, la cinétique de l'aléa et la spatialité des perturbations qu'il entraîne, sont des éléments discriminants, qui conditionnent en partie l'évolution de la crise. Si l'exercice EU-Sequana a permis de réduire le déficit de connaissances des partenaires du SGZDS, les observations en cellules de crise et dans les Retex montrent à quel point l'inconnu, entendu comme déficit de connaissances, et plus encore, l'impensé de cet inconnu, est problématique. L'ignorance de paramètres par ailleurs bien établis (rôle des circulations d'eau souterraines, perturbation des réseaux critiques, durée de la crise, etc.), compromet l'anticipation, qui est pourtant fondamentale pour une crise longue de ce type, et fait que les plans de continuité d'activité reposent sur des présupposés erronés (capacité des agents à se déplacer, maintien de la fourniture énergétique, sécurité des communications, etc.) qui les rendent rapidement caducs, alors que les acteurs sont persuadés de leur robustesse. L'effondrement de ces plans en cas de crise est analysé comme un imprévu, alors qu'il est le résultat d'impensés.

Il existe de la même manière un impensé de l'imprévisibilité structurelle. Les expériences de l'exercice EU-Sequana et des crues de juin 2016 et janvier 2018 montrent un décalage important entre les attentes de certains acteurs en termes d'information et la situation d'imprévisibilité structurelle. De nombreux décideurs, notamment au niveau interministériel, demandent des chiffres qu'il est absolument impossible de leur fournir à cause du caractère systémique de la crise. La recherche de données impossibles à trouver fait, en revanche, peser une pression constante sur les cellules de crise et favorise la déstabilisation des organisations.

5.3 Hyper-complexité, hors-cadre et incertitudes

Dans le cas francilien, l'incertitude – sous toutes ses formes – est fabriquée par l'hyper-complexité du système territorial qui est à l'origine du caractère systémique de la crise (Reghezza, 2015b). On a là un exemple archétypal des interactions risque-territoire mises en évidence par les sciences sociales (November 2002 ; Beucher *et al.,* 2008 ; November, 2013). Chaque composante du système métropolitain, qu'on parle des systèmes d'acteurs, des systèmes socio-techniques, des systèmes productifs, des systèmes sociaux, agit, réagit et rétroagit à son rythme, avec des décalages dans l'espace et le temps. Conjuguée aux incertitudes sur les hauteurs d'eau, les mouvements de la nappe et les circulations d'eau souterraines, la dimension systémique de la crise empêche de prévoir l'évolution de la situation, ce qui complique fortement l'anticipation. S'ajoutent les perturbations créées par les décisions des différents gestionnaires.

L'hyper-complexité produit par conséquent des vulnérabilités spécifiques qui se traduisent par la multiplication des incertitudes (au pluriel), qui comprennent certes les imprévus ordinaires des crises, mais empêchent également toute visibilité sur les impacts à moyen et long termes. L'inconnu tend alors à augmenter, déstabilisant les organisations, qui doivent mettre en œuvre des procédures, sans être assurées des conséquences de leurs actions. Dans une crise systémique comme celle qui se produirait sur le territoire francilien, l'imprévisible devient un élément structurel et non plus seulement conjoncturel, qui demande aux acteurs d'agir en dehors des routines, hors des cadres.

Dès lors, de même qu'il existe un rapport systémique entre risque et territoire, il existe des interactions systémiques entre crise et incertitudes, qui fabriquent le hors-cadre. Dans le cas francilien, la notion de « hors-cadre » prend tout son sens. Elle désigne non seulement le fait que les incertitudes de toute nature demandent en permanence de sortir des cadres fixés par les planifications et d'abandonner les routines de la prise de décision et de la conduite, mais qu'il existe certaines configurations dans lesquelles la conjugaison des incertitudes rend ces routines contre-productives, parce qu'elles empêchent d'identifier les signaux faibles, d'anticiper et de s'adapter à la transformation de la crise.

Pourtant, le « hors-cadre » est lui-même un impensé. L'idée que les routines puissent être absolument inopérantes, que les procédures puissent se révéler, par essence et non par faiblesse ou défaillance, incapables de répondre à la situation, que la prise de décision doive s'opérer dans des conditions d'imprédictibilité et d'inconnu telles, que ce sont ses modalités mêmes qui deviennent inappropriées, reste inimaginable pour la plupart des gestionnaires, y compris les plus expérimentés.

5.4 Retour sur le « hors cadre » et la planification

L'existence de crises systémiques qui agrègent et maximisent les incertitudes pose la question de la préparation et de la pertinence de la planification et des exercices. L'expérience du terrain francilien montre que la planification reste pertinente pour affronter le hors-cadre.

La planification est définie par les acteurs comme « un processus de concertation entre des acteurs consistant à identifier les objectifs communs, à tenir compte des contraintes pesant sur l'accomplissement des missions particulières et à formaliser un mode d'action doctrinal et partagé » (entretien avec un membre du bureau planification du SGZDS). Ce processus est essentiel, car il permet de sensibiliser les individus et les institutions avec l'événement à venir, de combler le déficit de connaissance, d'identifier les inconnues résiduelles ou encore de familiariser les différents acteurs à l'incertitude structurelle. L'exercice permet quant à lui de créer des routines pour réagir aux imprévus, mais aussi, plus largement, d'apprendre aux acteurs à se connaître, à échanger de l'information, ce qui est une façon de réduire l'inconnu, et de développer l'expérience et les synergies qui permettent de faire face au hors-cadre.

Ce n'est donc pas tant la planification et l'exercice qui posent problème, que l'esprit dans lequel on les utilise. La façon actuelle de concevoir la gestion de crise laisse peu de place à l'inimaginable. Lorsque nous avons présenté nos résultats aux partenaires du SGDZS, l'un de nos interlocuteurs nous a déclaré : « nous savons que dans une situation de crise, il faut se raccrocher à des choses très concrètes, à des réflexes, pour restabiliser tout le monde, il faut se raccrocher à des choses qu'on connaît, c'est à ça que servent les exercices ». L'idée que la routine puisse être contre-productive, notamment lorsqu'elle empêche d'identifier les signaux faibles du basculement dans le chaos, qu'elle suscite des attitudes de « stagnation » (on maintient la routine comme si de rien n'était alors que c'est inadapté, *cf.* Adrot, 2010), reste encore largement un impensé et n'est pas intégré dans les différents dispositifs de préparation à la crise.

6 Conclusion

L'hypercomplexité de certains systèmes urbains, tels que les villes globales, produit des crises « hors-cadre » qui demandent aux gestionnaires, quelle que soit leur place dans la chaîne de commandement, de faire face à des incertitudes de nature diverse. Affirmer que l'incertitude est consubstantielle à la crise et que l'instabilité de nos environnements biophysiques, sociaux, économiques ou politiques est croissante, est, paradoxalement, une manière de ne pas mettre à l'épreuve le paradigme dominant qui repose encore sur la « mise en risque », la création de certitudes et de repères stables, la définition de cadres et de normes qui promettent la possibilité du contrôle.

Les crises systémiques ont pour conséquence de confronter les acteurs « à la perte de savoir, la perte de sens, la perte des cadres structurants, la perte de tout ce qui a justifié la place sociale tenue, la perte de maîtrise, la possibilité de montée aux extrêmes » (Lagadec, 2010). La distinction qu'opère P. Lagadec entre la gestion d'urgence, pour laquelle on est dans le registre du connu et du préprogrammé, et de crise, où le connu ne fonctionne plus, semble dans le cas francilien particulièrement pertinente. Dans ce territoire, comme dans beaucoup d'autres, « il s'agit moins d'imaginer l'inimaginable que de s'entraîner à lui faire face » (Janek Rayer, cite par P. Lagadec, *in* Lagadec 2010.).

7   Remerciements

Je tiens à adresser mes plus sincères remerciements à l'ensemble des acteurs qui ont accepté de s'exprimer et de me recevoir dans leurs institutions respectives. Merci aussi aux porteurs et aux collègues du consortium « Euridice » pour la qualité des échanges, la mise en commun de certaines données et la dynamique collective interdisciplinaire qui a pu être créée. Je souhaite enfin formuler une pensée particulière en mémoire du général Frédéric Sépot, chef d'état-major du SGDZN durant la période couverte par cette étude et décédé prématurément le 11 octobre 2018.

École normale supérieure
45 rue d'Ulm
75005 Paris
magali.reghezza@ens.fr

Bibliographie

Adrot A. (2010), *Quel apport des technologies de l'information et de la communication (tic) à l'improvisation organisationnelle durant la réponse à la crise*, Thèse de doctorat, Université Paris Dauphine.

Adrot A., Garreau L. (2010), « Interagir pour improviser en situation de crise. Le cas de la canicule de 2003 », *Revue française de gestion*, vol. 4, n° 203, p. 119-131.

Adrot A., Sauvée M.-L. (2017), « "Je suis, donc j'informe… et j'informe donc je suis" : l'identité au service de l'information pour la gestion de crise lors de Sequana », in Creton-Cazenave L., November V. (dir.) (2017), *EU-Sequana. La gestion de crise à l'épreuve de l'exercice*, Paris, La Documentation française.

Beucher S. (2008), *Risque d'inondation et dynamiques territoriales des espaces de renouvellement urbain : les cas de Seine-Amont et de l'est londonien*, Thèse de Doctorat, Université Paris X-Nanterre.

Beucher S., Meschinet de Richemond N., Reghezza M. (2008), « Les territoires du risque. L'exemple des inondations », *Historiens et géographes*, n° 403, p.103-11.

Billings R. S., Milburn T.W., Schaalman, M. L. (1980), « A Model of Crisis Perception : A Theoretical and Empirical Analysis », *Administrative Science Quaterly*, vol. 25, n° 2, p. 300-316.

Benitez F. (2018), *Faire face ou vivre avec les catastrophes ? Capacités d'adaptation et capabilités dans les trajectoires de résilience individuelles et territoriales au sein de l'espace Caraïbe*, Thèse de doctorat, Université Montpellier-Paul Valéry.

Boin A., Lagadec P. (2000), « Preparing for The Future : Critical Challenges in Crisis Management », *Journal of Contingencies and Crisis Management*, vol. 8, N° 4, p. 185- 191.

Borraz O. (2008), *Les politiques du risque*, Paris, Presses de Sciences Po, 294 p.

Boudia S. (2013), « La genèse d'un gouvernement par le risque », *in* Bourg D., Joly P.-B., Kaufmann A. (sous dir.) (2013), *Du risque à la menace Penser la catastrophe Colloque de Cerisy*, Paris, Presses Universitaires de France, p. 57-78.

Bourg D., Joly P.-B., Kaufmann A. (sous dir.) (2013), *Du risque à la menace. Penser la catastrophe. Colloque de Cerisy*, Paris, Presses universitaires de France, 374 p.

Callon M., Lascoumes P., Barthe Y. (2001), *Agir dans un monde incertain : essai sur la démocratie technique*, Paris, Éditions du Seuil, Collection La couleur des idées, 386 p.

Campanella T. J., Vale L. J. (2005), *The Resilient City : How Modern Cities Recover from Disaster*, Oxford, Oxford University Press, 392 p.

Caisse centrale de réassurance (CCR) (2018), *Retour sur les inondations de janvier et février 2018, Modélisation des dommages et des actions de prévention*, étude réalisée par Moncoulon D. et Bauduceau N., 23 p.

Caisse centrale de réassurance (CCR) (2016), *La crue De la Seine En Île-de-France. Étude historique de la crue de 1910 & Modélisation de scénarios de référence*, étude réalisée par Moncoulon D. et Desarthe J., 29 p.

Chalas Y., Gilbert, C., Vinck, D. (sous dir.) (2009), *Comment les acteurs s'arrangent avec l'incertitude*, Paris, Éditions des Archives Contemporaines, 182 p.

Chailleux S. (2016), « Incertitude et action publique. Définition des risques, production des savoirs et cadrage des controverses », *Revue internationale de politique comparée*, vol. 23, n° 4, p. 519-548. DOI 10.3917/ripc.234.0519

CGEDD (2017), Rapport CGEDD n° 010743-01 et IGA n° 16080-R, Perrin F., Sauzey P., Menoret B., Roche P.-A., *Inondations de mai et juin 2016 dans les bassins moyens de la Seine et de la Loire, Retour d'expérience, février 2017*, www.aitf.fr/system/files/files/rapport_rex_juin_2016_interminist.pdf

Clegg S. R., Cunha J. V., Cunha M. P. E. (2002), « Management Paradoxes : A Relational View », *Human Relations*, vol. 55, n° 5, p. 483-503.

Creton-Cazenave L., November V. (dir.) (2017), *EU-Sequana. La gestion de crise à l'épreuve de l'exercice*, Paris, La Documentation française, 237 p.

Comfort L. K., Sungu, Y., Johnson, D., Dunn, M. (2001), « Complex system in crisis : Anticipation and resilience in dynamic environments », *Journal of Contingencies and Crisis Management*, vol. 9, n° 3, p. 144-158.

Dautun C. (2007), *Contribution à l'étude des crises de grande ampleur : connaissance et aide à la décision pour la sécurité civile*, Thèse de doctorat, École nationale supérieure des Mines de Saint-Étienne.

Dedieu F. (2013), *Une catastrophe ordinaire. La tempête du 27 septembre 1999*, Paris, Éditions de l'EHESS, 232 p.

DRIEE (2016), *Épisodes de crue de mai-juin 2016 sur le bassin de la Seine, Rapport de retour d'expérience*, www.driee.ile-de-france.developpement-durable.gouv.fr/IMG/pdf/rex4m_spc_smyl_mai_juin_2016_vf.pdf.

Dufès E., Ratinaud C. (2014), « Situations de crise : une réponse modélisée en 3D », *Perspective*, n° 12, p. 57-78.

Dupuy J.-P., Grinbaum A. (2005), « Living with uncertainty : from the precautionary principle to the methodology of ongoing normative assessment », comptes rendus *Geoscience*, vol. 337, n° 4, p.457-474.

Dupuy J.-P. (2009), *Pour un catastrophisme éclairé. Quand l'impossible est certain*, Paris, Le Seuil, 153 p.

Ewald F., Gollier C., de Sadeleer N. (2001), *Le principe de précaution*, Paris, Presses Universitaires de France, 127 p.

Fayeton J., Portier S. (2017), « Ceci n'est pas une crue », *in* Creton-Cazenave L. et November V. (dir.), *EU-Sequana. La gestion de crise à l'épreuve de l'exercice*, La Documentation française.

Garnier E., 2016, « Un éclairage historique sur l'inondation « atypique » de juin 2016 en Île-de-France », *Risque*, Fédération française des assurances, n° 107, p. 127-133.

Gilbert C. (2003), *Risques collectifs et situations de crise, Apports de la recherche en sciences humaines et sociales*, Paris, L'Harmattan, 340 p.

Godschalk D. R. (2003), « Urban Hazard Mitigation : Creating Resilient Cities », *Natural Hazards Review*, vol.4, n° 3, p. 136-143.

Gueben-Venière S. (2017), « Les ateliers collaboratifs, un outil de recueil collectif des représentations spatiales ? », *EchoGéo*, n° 41, http://journals.openedition.org/echogeo/15103 ; DOI : 10.4000/echogeo.15103

Guihou X., Lagadec P., Lagadec E. (2006), *Les crises hors cadres et les grands réseaux vitaux, Katrina, mission de retour d'expérience*, Groupe EDF, 34 p.

Guimont C., Petitimbert R. et Villalba B. (2018), « La crise de biodiversité à l'épreuve de l'action publique néolibérale », *Développement durable et territoires*, vol. 9, n° 3, URL : http://journals.openedition.org/developpementdurable/12958 ; DOI : 10.4000/developpementdurable.12958

Haddad B., Benois J.-M. (2014), « Risque, incertitude et prise de décision », *Le sociographe*, vol. 45, n° 1, p. 31-35.

Kates R. W., Colten C. E., Laska S., Leatherman S. P. (2006), « *Reconstruction of New Orleans after Hurricane Katrina : A Research Perspective* », PNAS, vol. 103, n° 40, p. 14653-14660.

Kermisch C. (2012), « Vers une définition multidimensionnelle du risque », *VertigO*, vol. 12, n° 2, URL : http://journals.openedition.org/vertigo/12214 ; DOI : 10.4000/vertigo.12214

Keynes J. M. (1937), The General Theory of Employment. *Quaterly Journal of Economics*, p. 209-223.

Knight F. H. Risk (1921), *Uncertainty and Profit. Reprint*, New York, Sentry Press, 445 p.

Lagadec P. (1991), *La gestion des crises. Outils de réflexions à l'usage des décideurs*, Paris, Édiscience International, 326 p.

Lagadec, P. (2006), « Crisis Management in the Twenty-First Century – "Unthinkable" Events in "Unthinkable" Contexts », *in* Rodriguez H., Quarantelli, E. L., Dynes, R. R. (2006), *Handbook of Disaster Research*, Springer, p. 489-507.

Lagadec P. (2010), « Crises "hors cadres" : oser un enseignement », *in Traité de bioéthique* p. 469-85.

Lagadec P. (2012), *Du risque majeur aux mégachocs*, Paris, Préventique, Collection Les Cahiers de la Préventive, 192 p.

Lagadec P. (2015), *Le Continent des imprévus. Journal de bord des temps chaotiques*, Paris, Belles Lettres, 268 p.

Lamé A. (2013), *Modélisation hydrogéologique des aquifères de Paris et impacts des aménagements du sous-sol sur les écoulements souterrains*, Thèse de doctorat, École nationale supérieure des Mines de Paris.

Lascoumes P. (1996), « La précaution comme anticipation des risques résiduels et hybridation de la responsabilité », *L'Année sociologique*, vol. 46, n° 2, p. 359-382.

Lhomme S. (2015), *Les réseaux techniques comme vecteur de propagation des risques en milieu urbain — Une contribution théorique et pratique à l'analyse de la résilience urbaine,* Université Paris-Diderot — Paris VII.

Masao Y., Garnieri F., Travadel S. (2018), *Un récit de Fukushima. Le directeur parle,* Paris, Presse universitaires de France, 156 p.

Michel-Kerjan E. (2000), « Risques à grande échelle dans les systèmes en réseau. Quelques interrogations », *CIRANO Working Papers,* 26 p.

Mitchell J. K. (ed.) (1999), *Crucibles of Hazard : Mega-cities and Disasters in Transition,* New York ; Tokyo, United Nations University Press, 535 p.

Morin E. (1976), « Pour une crisologie », *in Communications : La notion de crise,* vol. 25, p. 149-163.

November, V. (2002), *Les territoires du Risque. Le risque comme objet de réflexion géographique,* Berne Peter Lang, 332 p.

November, V. (2008), « Spatiality of risk », *Environment and Planning A,* vol. 40, n° 7, p. 1523-1527.

November, V. (2011). L'empreinte des risques : éléments de compréhension de la spatialité des risques, *in* November V. (dir.), *Habiter les territoires à risques,* p. 19-37.

November, V. (2013), « La spatialité des risques dans une société du risque et après », *in* Bourg, D., Joly, P.-B., Kaufmann, A., *Du risque à la menace. Penser la catastrophe,* Paris, PUF, p. 227-284.

OCDE, 2014, *Étude sur la gestion des risques d'inondation : la Seine en Île-de-France.*

Pelling M. (2003), *The Vulnerability of Cities : Natural Disasters and Social Resilience,* London, Earthscan, 219 p.

Peretti-Watel P. (2003), « Risque et innovation : un point de vue sociologique », *Innovations,* vol. 18, n° 2, p. 59-72.

Pesqueux Y. (2010), *Une perspective contemporaine du risque.* Pre-print. Disponible sur https://hal. archives-ouvertes.fr/hal-00509685

Pigeon P. (2012), *Paradoxes de l'urbanisation. Pourquoi les catastrophes n'empêchent-elles pas l'urbanisation ?,* Paris, L'Harmattan, 278 p.

Planchon S., Reghezza M. (2017), « La planification au défi de l'incertitude. Faire face à l'inimaginable » *in* Creton-Cazenave L. et November V. (dir.) (2017), *EU-Sequana. La gestion de crise à l'épreuve de l'exercice,* La Documentation française.

Provitolo D. (2009), Vulnérabilité et résilience, géométrie variable de deux concepts. http://hal. archives-ouvertes.fr/hal-00497757/fr/

Provitolo D. (2010), « La vulnérabilité résiliençaire : un cadre d'analyse des systèmes face aux risques et catastrophes », International Scientific Conference on Technologies for Development, Lausanne, UNESCO Chair EPFL, février.

Quarantelli E. L., (2000), *Emergency, Disasters and catastrophes are different phenomena,* Preliminary paper, Disaster Research Center, 5 p.

Quarantelli, E. L. (ed.) (2005), *What Is a Disaster ? A Dozen Perspectives on the Question.* London, Routledge, 328 p.

Reghezza M. (2006), *Réflexions autour de la vulnérabilité métropolitaine : la métropole parisienne face au risque de crue centennale,* Thèse de doctorat, Université Paris X – Nanterre.

Reghezza, M. (2009), Géographes et gestionnaires face à la vulnérabilité métropolitaine. Quelques réflexions autour du cas francilien, *Annales de géographie,* 669 (5), p. 459-477 ; Doi : 10.3917/ag.669.0459.

Reghezza M., Laganier R. (2012), « The rise of resilience in large metropolitan areas : Progress and holds backs in the parisian experience », *in*Resilience and Urban Risk Management : Proceedings of the Conference'how the Concept of Resillience Is Able to Improve Urban Risk Management ? a Temporal and a Spatial Analysis », CRC Press, p. 33-37.

Reghezza M. (2015), « Territorialiser ou ne pas territorialiser le risque et l'incertitude », *L'Espace Politique*, 26, URL : http://journals.openedition.org/espacepolitique/3543 ; DOI : 10.4000/espa-cepolitique.3543

Reghezza M. (2015b), *De l'avènement du Monde à celui de la planète : le basculement de la société du risque à la société de l'incertitude*. Mémoire d'habilitation à diriger les recherches, volume inédit (Doctoral dissertation, Université Paris 1-Panthéon Sorbonne).

Rioust É. (2012), *Gouverner l'incertain : adaptation, résilience et évolutions dans la gestion du risque d'inondation urbaine. Les services d'assainissement de la Seine-Saint-Denis et du Val-de-Marne face au changement climatique*, thèse de doctorat, Université Paris-Est.

Tacnet J.-M. (2009), *Prise en compte de l'incertitude dans l'expertise des risques naturels en montagne par analyses multicritères et fusion d'information*, Thèse de doctorat en sciences et génie de l'environnement, École nationale supérieure des Mines de Saint-Étienne.

Taleb N. N. (2010), *Le Cygne noir. La puissance de l'imprévisible*, Paris, Les Belles Lettres, 608 p.

Toubin M. (2014), *Améliorer la résilience urbaine par un diagnostic collaboratif : l'exemple des services urbains parisiens face à l'inondation*, Thèse de doctorat, Université Paris Diderot.

Vinet F. (2017), *Floods 1 & 2*, Risk Knowlegde & Risk Management, ISTE Press — Elsevier, 334 p et 424 p.

Weick K. E. (1993), « The Collapse of Sensemaking in Organizations. The Mann Gulch Disaster », *Administrative Science Quaterly*, vol. 38, n° 4, p. 628-651.

Les trajectoires discursives et politiques des inondations du fleuve Sacramento : entre risque et catastrophe, entre ici et ailleurs

Discourse and policy trajectories on floods on the Sacramento River: between risk and catastrophe, here and elsewhere

Emeline Comby

maîtresse de conférences, Université de Franche-Comté Besançon, UMR 6049 Théoriser et Modéliser pour Aménager (ThéMA)

Yves-François Le Lay

maître de conférences, École normale supérieure de Lyon, UMR 5600 Environnement Ville Société (EVS)

Résumé   Cette contribution croise les cadres conceptuels de l'arène publique en sociologie, de l'*Advocacy Coalition Framework* en sciences politiques et des discontinuités en géographie pour comprendre comment la gestion du risque inondation s'impose comme un problème social. Il s'agit de montrer que les discours, les représentations et les politiques du risque au bord du Sacramento en Californie ont évolué suite à l'ouragan Katrina en Louisiane en 2005. L'objectif est également de souligner les intérêts de la presse comme source de données pour développer des perspectives critiques et généalogiques à travers une analyse discursive des trajectoires politiques des inondations. 340 articles publiés entre 2005 et 2013, dans *Le Sacramento Bee*, l'un des quotidiens régionaux principaux en Californie, ont fait l'objet d'une analyse textuelle. Le risque se construit à travers des références historiques et spatiales, entre ici et ailleurs. Un événement externe peut donc influencer les stratégies politiques en faveur de politiques descendantes, mais ces dernières engendrent aussi des arrangements et des contestations au niveau local.

Abstract   *Analytical frameworks such as the Public Arena Model in sociology, the Advocacy Coalition Framework in political sciences, and the discontinuities in geography were tested to determine how flood management can become a social problem. The article aims to show how, for the Sacramento River, the risk perception, discourse, and policy changed under the influence of the 2005 Hurricane Katrina in Louisiana. We used newspapers to highlight the potential of new outlets as a data source to develop critical and genealogical perspectives and to develop a discourse analysis of policy trajectories of floods. Media coverage was based on a textual data analysis of 340 articles published in The Sacramento Bee, one of the main regional newspapers in California, from 2005 to 2013. Risk perception is based on different historical and spatial references, between here and there. An external event can influence the political subsystem because of a top-down policy, but such a policy can entail arrangements and contestations at a local scale.*

Ann. Géo., n° 726, 2019, pages 31-57, © Armand Colin

Mots-clés   Catastrophe, discontinuité, discours, inondation, politiques de gestion des risques, textométrie.

Keywords   *Catastrophe, discontinuity, discourse, flood, risk policy, textual data analysis.*

1   Introduction. Départ La Nouvelle Orléans, arrivée Sacramento

« Le passage de l'ouragan Katrina à La Nouvelle-Orléans le 29 août 2005 a entraîné la rupture des digues protégeant la ville et [...] causé la mort de plusieurs centaines de personnes et l'inondation pendant plusieurs semaines d'environ 80 % de l'espace urbain [...] à l'ère des grandes catastrophes médiatisées » (Hernandez, 2009, p. 124). La catastrophe de Katrina a donné lieu à une très riche littérature scientifique, y compris francophone (Mancebo, 2006 ; Hernandez, 2009 ; Huret, 2010 ; Bordreuil et Tonnelat, 2011 ; Zaninetti, 2013) et à une intense médiatisation qui révèlent une rupture discursive concernant les risques d'inondation (*a minima*) à l'échelle des États-Unis. Des mesures fédérales ont été prises pour favoriser une meilleure prévention de ce risque (coupe d'arbres sur les digues, changement des procédures d'entraînement à la gestion de crise, amorce d'une coordination entre les services...). Katrina et ses conséquences permettent de penser les vulnérabilités (Veyret et Reghezza, 2006), en articulant cette catastrophe avec des situations de risque localisées ailleurs.

Le risque est souvent défini en géographie comme le produit d'un aléa – une probabilité liée à l'intensité d'un phénomène, à sa durée, à sa fréquence et à son emprise spatiale – et d'une vulnérabilité (Dauphiné, 2005), regroupant la sensibilité globale d'une société à un ou plusieurs aléas, l'importance potentielle des dommages subis et la capacité de réaction de cette société face aux aléas (parfois appelée résilience). Insister sur la dimension socioculturelle du risque permet de le comprendre à travers ses contextes d'expression ou ses dimensions en termes de jugement, d'éthique ou de morale (Anderson, 2010), à l'échelle de l'individu, d'une communauté ou d'une société. « Si le risque est dit (maladroitement) naturel, technologique ou social, il procède toujours d'une production humaine : c'est l'anticipation (anxiogène) de la catastrophe » (Le Lay, 2013, p. 6). La catastrophe est de l'ordre de l'actualisation, du produit et de l'avéré, quand le risque reste dans le registre de la représentation, de la projection, du probable ou du potentiel. Les représentations et les discours à l'égard des inondations peuvent être réactivés par des événements qui bousculent les présupposés et créent des discontinuités, à l'heure où les médias contribuent à une compression de l'espace et du temps.

Cet article se donne pour objectif de mettre en tension la catastrophe de Katrina en Louisiane avec le risque inondation au bord du Sacramento en Californie. Une telle comparaison se justifie par le fait que le Delta californien accueille « la deuxième population la plus importante des États-Unis vivant en dessous du niveau de la mer et celle qui connaît l'essor le plus important »

(Freudenburg *et al.*, 2009, p. 149). Des scientifiques mettent ainsi en garde contre un désastre probable à cause de la subsidence du Delta, de la montée potentielle du niveau de la mer, du risque sismique ou de l'instabilité des *levees* (Mount et Twiss, 2005). Ce discours reliant le risque au bord du Sacramento et l'actualité brûlante de Katrina imprègne la production médiatique, y compris nationale. Ainsi, dès le 18 février 2006, A. Boyle, un journaliste spécialisé dans les questions scientifiques et techniques, affirme sur le site de NBC que « La Nouvelle-Orléans était le point le plus vulnérable du pays face aux dommages causés par les inondations [...]. Maintenant les experts disent que le Delta du Sacramento – San Joaquin apparaît comme le prochain sujet de préoccupations ».

Comment des points communs ou des différences se dessinent-ils dans les discours, les représentations et les politiques entre les deux situations ? Comment l'ouragan Katrina apparaît-il comme un facteur exogène qui modifie les politiques de gestion des inondations du Sacramento, malgré une distance euclidienne de plus de 3 000 kilomètres ? Notre première hypothèse suggère qu'un risque se construit discursivement et politiquement entre ici et ailleurs, invitant à une approche dialogique entre différents systèmes. Notre seconde hypothèse considère qu'une rupture exogène génère une politique de type descendante centrée sur le non-humain, ce qui entraîne des tensions locales et peut bloquer sa mise en œuvre.

La première partie croise les cadres conceptuels du problème social et de l'Advocacy Coalition Framework avec les discontinuités pour appréhender les discours et les politiques à l'égard des inondations. Le deuxième temps présente l'intérêt des discours médiatiques pour aborder les inondations, en mettant en lumière la méthodologie mise en place sur le fleuve Sacramento. La troisième partie développe les trajectoires discursives des inondations du Sacramento suite à la catastrophe de Katrina. Un dernier temps discute les deux hypothèses, en insistant sur la place des références spatiales et temporelles dans la gestion des inondations ainsi que sur la mise en œuvre des politiques publiques descendantes.

2   Les trajectoires discursives et politiques des inondations

2.1 Les inondations comme problèmes sociaux

Les problèmes sociaux ne sont pas dus à leur ampleur objectivable, mais à leur conception par les sociétés, notamment à leur capacité de susciter des discours, des actions et des émotions (Comby *et al.*, 2014a). L'étude des problèmes sociaux a bénéficié d'une riche littérature anglophone, portée notamment par la revue *Social Problems* et l'ouvrage jugé majeur de M. Spector et J. Kitsuse (1977) : dans ce dernier, les problèmes sociaux sont définis comme « les activités d'individus ou de groupes qui se manifestent par des affirmations de griefs ou des plaintes face à des conditions supposées » (p. 75). Cette approche met l'accent sur les constructions collectives et sur les actes. Ainsi, l'interactionnisme symbolique de Chicago – avec les figures d'H. Becker sur la pénalisation de la marijuana ou de

Blumer (1971) sur la déviance – saisit le problème social comme une question de label et d'étiquetage. Le problème social peut donc rester potentiel, prétendu ou supposé et n'a pas besoin d'être avéré ou réel ; il naît dans les dires et les actes (Comby, 2015). M. Callon *et al.* (2001) affirment que le propre du monde commun réside dans une double logique : d'une part, il est réel et fruit d'une objectivation et, d'autre part, il est fondé sur un grand nombre de subjectivités. Le problème social se voit donc défini comme tel par un (ou des) acteur(s), ce qui l'inscrit dans une réalité. Il est défini ici comme « une condition ou une situation présumée qui est conçue comme un problème dans les arènes de discours ou de l'action publics » (Hilgartner et Bosk 1988, p. 55).

S. Hilgartner et C. L. Bosk (1988) montrent que le problème social s'appuie sur cinq éléments principaux : a) les arènes rassemblant un collectif d'acteurs qui partagent la même définition d'un problème, b) la capacité de ces arènes à accueillir des discours, c) les dynamiques de sélection entre différents problèmes et leurs diverses définitions, d) les interactions entre les arènes et le réseau d'acteurs au sein de ces arènes, et e) les processus de compétition entre des arènes variées. Dans ce cadre conceptuel, la quantité de discours publics qui peut se faire entendre est limitée, ce qui sous-entend des arbitrages de publicisation entre des problèmes et au sein de leurs différentes définitions. Cette sélection est relative et liée aux circonstances (Latour, 2011). Il s'agit d'insister sur deux dynamiques : le confinement et son pendant la publicisation (Lemieux, 2007). Le maintien d'un problème à un niveau faible d'attention ne préjuge pas de sa capacité à devenir un problème important dans le futur, mais indique un compromis actuel entre différentes définitions de la même situation.

Les trajectoires temporelles des discours et des actions liées aux problèmes sociaux ont fait l'objet de différentes tentatives de formalisation (par exemple chez Blumer, 1971 ; Downs, 1972). E. Neveu (1999, p. 2) utilise le trip-tyque « *Naming, Claiming, Blaming* ». La première étape concerne l'établissement d'une situation vue comme problématique, la deuxième s'inscrit dans les demandes de reconnaissance de cette condition et la troisième met l'accent sur la recherche des responsabilités ou des coupables. Si ces trois dynamiques semblent centrales dans le processus de construction des problèmes sociaux, leur linéarité temporelle peut être critiquée. Ces modèles diachroniques sont idéalisés et ne parviennent pas à rendre compte de la complexité des dynamiques temporelles des problèmes sociaux.

Par conséquent, cette approche semble en mesure d'expliquer des décalages temporels entre les dynamiques environnementales de l'inondation et les représentations sociales de ce phénomène. Si les premières sont généralement relativement brèves, les secondes s'inscrivent dans des temporalités plus longues. Les problèmes sociaux invitent à penser les inondations à l'interaction entre des événements biophysiques et des réalités marquées par les choix des sociétés.

2.2 Les inondations comme trajectoires discursives

L'inscription des inondations dans le cadre conceptuel des problèmes sociaux permet d'insister non seulement sur les discours portés sur les inondations, mais aussi sur les actions et les politiques. Pour comprendre les conditions de production des discours, Foucault (1971) envisage des analyses à la fois « critiques » pour « essayer de cerner les formes de l'exclusion, de la limitation, de l'appropriation » et « généalogiques » pour comprendre « comment se sont formées [...] des séries de discours ; quelle a été la norme spécifique de chacune, et quelles ont été leurs conditions d'apparition, de croissance, de variation » (p. 62-63). Cette double entrée (critique et diachronique) permet d'appréhender des trajectoires discursives.

Depuis ce qui a pu être qualifié de *linguistic turn* dès la décennie 1960, les sciences humaines et sociales dont la géographie ont appris à « prendre pleinement en compte à la fois les phénomènes linguistiques et discursifs en tant qu'ils s'avèrent constitutifs et configurants de l'émergence et de la structuration des faits sociaux, et la réflexion sur les modes de construction discursive du savoir formulé à propos desdits faits » (Mondada, 2013, p. 619). Dans le cadre d'une approche discursive des inondations en géographie, cinq composantes s'avèrent centrales : a) les discours sont tout à la fois concrets (par la matérialité du texte) et abstraits (notamment via les représentations) ; b) les discours comme système relationnel se montrent propices aux jeux scalaires ; c) les discours en tant que système en interaction avec d'autres systèmes fonctionnent comme des espaces de circulation des idées ou des savoirs ; d) les discours se présentent comme des processus sociaux qui construisent le monde ; et e) les discours sont aussi des constructions qui reflètent d'autres dimensions du fait social (Fairclough, 2010).

L'analyse des problèmes sociaux bénéficie d'une lecture de type diachronique (pour questionner la continuité temporelle), mais aussi d'une approche rétrospective (c'est-à-dire *a posteriori*) (Comby *et al.*, 2014a). Le problème social est sous tension, entre apparition, maintien et développement d'une part et soumis, à tout moment, au risque de s'étioler d'autre part. Les ruptures et les changements de trajectoires discursives se rapprochent de ce que R. Brunet (1967, p. 13) qualifie de « seuils » : « les discontinuités au sein d'une évolution se marquent généralement par la présence de seuils », c'est-à-dire « l'existence de points – dans l'espace et dans le temps – à partir desquels une évolution saute brusquement, en changeant de rythme, voire de sens ou de nature ». R. Brunet (1967) considère « l'étude des seuils sous trois aspects successifs : a) la façon dont se manifeste un seuil, sa manière d'être à l'égard du mouvement ; b) le mécanisme auquel correspond le franchissement d'un seuil ; c) les conséquences que le franchissement entraîne » (p. 14). Le premier cas peut correspondre aux logiques temporelles du problème (émergence, affirmation ou disparition), le deuxième s'apparente en partie aux enjeux de sélection et de concurrence entre les enjeux et le troisième relie la rupture et des logiques d'(in)actions, des leviers politiques ou des choix d'aménagement.

Considérer les discours comme des pratiques aux conséquences matérielles invite à étudier l'imbrication entre social et naturel (Bakker, 1999). Les discours sont analysés à travers quatre prismes : leur émergence, leur relation, leur contexte et les stratégies discursives (Fairclough, 2010). Ces réflexions amènent à considérer la trajectoire des inondations du Sacramento comme un agrégat de différentes trajectoires et de plusieurs ruptures dont certaines s'avèrent internes au système et d'autres externes.

2.3 Les inondations comme événements exogènes à un système

Si l'espace est fondamentalement discontinu, les sociétés (re)produisent en permanence des discontinuités (Gay, 2004). Les inondations apparaissent à la fois comme des discontinuités temporelles (entre débit « normal », crue et inondation), spatiales (entre espaces touchés et épargnés), mais aussi socio-économiques ou politiques (mettant en lumière des vulnérabilités contrastées).

R. Brunet (1967) considère que trois catégories de mécanismes provoquent des discontinuités : a) « Les seuils de cisaillement (*shearing*) indiquent la victoire d'une énergie sur une résistance, c'est-à-dire généralement une action externe (stress) sur la cohésion interne d'un organisme » (p. 23) ; b) « les seuils de changement d'état correspondent à des phénomènes d'une autre nature. Ils marquent la limite à partir de laquelle un corps ou un phénomène se transforment en un autre corps ou un autre phénomène qualitativement distincts » (p. 24), et c) « certains phénomènes supposent un changement dans les processus eux-mêmes, un relais entre les agents du mouvement ». Le premier cas correspond à un événement extérieur qui entraîne une modification des ressources et des contraintes qui pèsent sur les acteurs et des mutations dans le système politique. Le deuxième cas s'inscrit dans une voie plus endogène ; un problème nécessite un changement interne face à une situation devenue intenable ou impossible à pérenniser. Le troisième cas propose une voie alternative : l'hybridation des politiques.

Ce raisonnement semble relativement proche de l'Advocacy Coalition Frame-work (abrégé ACF) qui vise à analyser des mutations dans l'action publique sur des périodes d'au moins dix ans (Sabatier et Jenkins-Smith, 1993). La notion phare est la coalition de cause « dont les membres partagent un ensemble de croyances normatives et de perceptions du monde, et [...] agissent de concert afin de traduire leurs croyances en une politique publique » (Sabatier, 2010, p. 49). Ce modèle est structuré autour des croyances des individus, les plus centrales étant profondément ancrées (*deep core beliefs*) et les secondaires plus facilement modifiables (*secondary beliefs*). Il recense différents événements extérieurs ou exogènes, qui peuvent avoir un impact sur le processus politique, tels les changements dans les conditions socio-économiques, l'opinion publique et la coalition dominante ou bien des décisions politiques majeures. Initialement, l'ACF considérait que seules les perturbations exogènes étaient suffisamment fortes pour faire évoluer les croyances centrales, marquées par une forte stabilité sur des périodes d'échelle décennale. En effet, ces réflexions ont été initialement conçues par des politistes (plutôt) favorables aux politiques descendantes (*top-down*), mais elles se sont complexifiées en prenant en compte les logiques ascendantes et en s'appuyant sur les caractéristiques stables du système (Sabatier, 2010). Ces dernières peuvent se trouver à l'interface entre sociétés et hydrosystèmes comme les caractéristiques biophysiques des rivières ou la répartition des ressources… si bien qu'une seconde voie, plus endogène, semble en mesure de faire évoluer les croyances centrales à partir des caractéristiques stables (Comby, 2015).

L'étude de cas développée ici s'intéresse aux conséquences d'une inondation exogène (la catastrophe de Katrina) sur un autre système (les inondations du Sacramento) : elle questionne une perturbation exogène qui engendre des politiques descendantes. Les changements en termes de politiques publiques de gestion des risques impliquent des représentations des problèmes, des valeurs hiérarchisées et un constat d'efficacité contrastée entre différents dispositifs politiques (Sabatier, 1988).

3   Des discours médiatiques pour appréhender les inondations du Sacramento

3.1 *Représenter les inondations dans les médias : entre catastrophe et risque*

A. Anderson (1997) affirme que l'intérêt croissant vis-à-vis des enjeux environnementaux réside dans des jeux d'acteurs complexes dont les médias font partie intégrante. Miroirs et producteurs de risques, ils pallient certaines difficultés pour mener une géohistoire des risques.

Si une des premières synthèses scientifiques sur la place des médias dans les politiques environnementales présente une focale clairement énoncée sur la catastrophe (Commitee on Disasters and the Mass Media, 1980), par la suite l'accent est déplacé sur le risque (Sandman *et al.*, 1987 ; Allan *et al.*, 2000). Les sciences humaines et sociales anglophones ont, en premier lieu, abordé la relation entre médias et environnement à travers l'entrée des catastrophes dites naturelles comme les sécheresses (Heathcote, 1969) ou les inondations (Alexander, 1980), avant d'élargir le champ à d'autres types de désastres comme les catastrophes industrielles, en particulier nucléaires avec Three Mile Island (Rubin, 1987) et Tchernobyl (Friedman *et al.*, 1987). Les catastrophes sont largement abordées dans la presse puisqu'elles attirent un vaste lectorat et laissent une forte empreinte dans les esprits (Sood *et al.* 1987). L'événement médiatisé porte alors sur les vies, les biens, l'inhabituel, l'inattendu, l'émotion et l'actualité brûlante (Salomone *et al.*, 1990). Les articles de presse tentent de répondre aux questions suivantes « qu'est-ce qui est arrivé ? », « qui est responsable ? » et « que font les autorités ? » (Vasterman *et al.*, 2008). Les destins environnementaux et médiatiques semblent désormais liés autour de sujets phares tels les extrêmes hydrologiques, le changement climatique (Boykoff, 2011), les pollutions avérées ou potentielles, la mise en péril de la biodiversité ou les questions agricoles souvent *via* le prisme des scandales alimentaires (Anderson, 1997).

Si l'inondation catastrophique est très bien couverte par les médias, le risque inondation est souvent jugé moins digne d'intérêt. Ces sources s'intéressent davantage aux catastrophes qu'aux risques qui sont par nature latents et de l'ordre de l'anticipation (Singer et Endreny, 1993). Trois arguments justifient la discrétion médiatique des risques : a) ces derniers sont relativement invisibles et peinent à s'incarner comme des menaces futures ; b) les temporalités des risques semblent en inadéquation avec les rythmes médiatiques généralement de l'ordre de la journée ; et c) le risque est du registre de l'incertitude ou de la probabilité (Allan *et al.*, 2000). En revanche, l'endommagement comme matérialité du risque, rencontre de processus physiques et de vulnérabilités (Pigeon, 2002), s'avère plus concret et donc plus facile à couvrir médiatiquement. Au sein de la géographie des risques, l'intérêt pour les médias se porte d'abord sur les représentations textuelles et iconiques des risques, puis sur la communication sur les risques *via* les médias (Wakefield et Elliott, 2003). La presse peut suppléer un manque de données pour estimer l'évolution probable d'un extrême hydrologique (Llasat *et al.*, 2009). Ainsi, elle offre une connaissance relativement complète des événements visibles et marquants pour les communautés locales comme les inondations (Delitala, 2005).

Les médias contribuent à une géographie plus socioculturelle des risques. P. Slovic (1987, p. 280) estime que « l'expérience du risque a tendance à naître des médias qui documentent minutieusement les mésaventures et les menaces qui se produisent à travers le monde ». Parmi leurs effets listés dans la littérature, la *social amplification of risk framework* (abrégée SARF) souligne que le risque naît du vécu personnel et des informations. Les risques sont amplifiés socialement et politiquement par quatre éléments principaux : le volume et la répétition du signal médiatique, le système d'acteurs et la densité de ses interactions, le ton des discours (notamment la dramatisation) ainsi que la dimension plus symbolique et culturelle du message (Kasperson *et al.*, 1988). R. A. Seydlitz *et al.* (1994) considèrent que la fréquence des messages semble plus déterminante que leur ton, en particulier chez le lectorat qui n'a pas d'expérience directe et récente de la catastrophe. La SARF a donné lieu à des critiques concernant sa conception statique de la communication, son manque d'attention à l'utilisation des médias par les acteurs et au rôle des médias comme *amplification station*, autant de critiques qui ne sont pas liées au cadre conceptuel initial mais plutôt à ses mobilisations ultérieures (Bakir, 2010).

Dans une approche politique des risques, un des intérêts des médias réside dans la mise sur agenda (*agenda setting*). Selon ce cadre conceptuel, « les médias de masse mettent en place un agenda pour chaque campagne politique, en influençant la saillance des attitudes à l'égard des questions politiques » (McCombs et Shaw, 1972, p. 177). D'une part les médias contrôlent en partie l'agenda politique en sélectionnant les questions importantes et d'autre part cette prédominance joue un rôle dans l'importance accordée aux questions au quotidien par le citoyen ou le politique (Marchand, 2004). Les médias sont alors liés aux enjeux de politiques publiques, notamment de gestion des risques, en mettant au premier plan ce sur quoi il faut penser (Rogers *et al.*, 1993).

Toutefois, les choix journalistiques entraînent parfois une représentation faussée du risque et des phénomènes environnementaux. La quantité des messages médiatiques peut être à l'origine d'une vision erronée du risque : les risques rares sont surreprésentés dans les médias et leurs effets surestimés (Kasperson *et al.*, 1988). Les scientifiques ne parviennent pas toujours à utiliser les médias pour vulgariser et éduquer à l'environnement (Pasquarè et Pozzetti, 2007). À leurs yeux, les médias sont tantôt un objectif, une cible, une chance, une occasion, tantôt le mal, l'ennemi ou le mensonge (Lester, 2010). Si la diffusion d'une information de bonne qualité sur les risques n'entraîne pas toujours une représentation juste du risque chez les individus, elle donne néanmoins les moyens à chacun de se construire un point de vue (Dudo *et al.*, 2007). En outre, pour certains risques, les individus accordent davantage de crédit aux relations interpersonnelles qu'aux médias (McComas, 2006).

« Considérant le nombre élevé de personnes qui consomment différents produits médiatiques au quotidien, l'absence généralisée d'intérêt vis-à-vis des médias de la part des géographes est surprenante » (Burgess, 1990, p. 140). Toutefois, ce constat peut être nuancé par un intérêt contemporain croissant autour des enjeux des cours d'eau, notamment liés aux extrêmes hydrologiques (Le Lay et Rivière-Honegger, 2009 ; Comby et Le Lay, 2011) ou aux aménagements (Comby, 2013 ; Le Lay et Germaine, 2017). Les effets des médias reposent sur trois dimensions principales : la publicisation, la fonction de mise sur agenda et la construction de certaines dynamiques sociales. Cet article s'appuie ainsi sur la médiatisation du risque inondation lié au Sacramento : « une inondation dans le delta pourrait envahir Downtown Sacramento sous plus de 6,1 mètres et paralyser la Californie (la huitième économie la plus importante du monde), entraver la nation et perturber le commerce mondial » (*New York Times*, 01/07/2011).

3.2 Aperçu géohistorique des inondations du Sacramento

Depuis la découverte de l'or dans la Sierra Nevada, la vallée du Sacramento a été transformée par l'agriculture et l'urbanisation. Des politiques de contrôle des inondations ont été mises en place pour faciliter le développement de ces activités dans la plaine d'inondation (Singer et Dunne, 2001), mais également dans le Delta, à la confluence du Sacramento et du San Joaquin (les deux vallées formant la Central Valley) (fig. 1).

Le problème social des inondations du Sacramento doit être repositionné dans 150 ans de politiques de gestion et d'aménagements. Entre 1855 et 1868, l'État vend des terres riveraines du Sacramento à des propriétaires privés ou à des *reclamation districts* (qui fédèrent des propriétaires, financent, entretiennent et mettent en valeur des terres soumises aux inondations régulières). Des zones humides et ripariennes sont alors drainées et endiguées pour l'agriculture (California State Lands 1993). De plus, l'extraction hydraulique s'affirme à partir

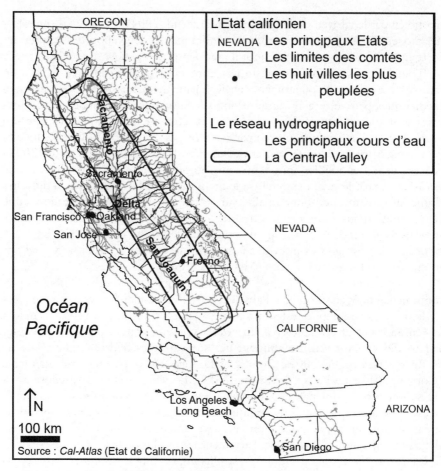

Fig. 1   Localisation du bassin versant du Sacramento en Californie.
Location of the Sacramento Watershed in California.

de la ruée vers l'or en 1853 dans le bassin versant de la Yuba : elle favorise la production de grandes quantités de sédiments. Dès 1862, des phénomènes d'exhaussement apparaissent, aggravant les inondations (James et Singer 2008).

Si la mise en place de *levees* (digues) dans le bassin du Sacramento est ancienne, elle s'avère non coordonnée du fait de leur faible coût et de la nécessité de protéger des terres basses pour les mettre en valeur (Montz et Tobin, 2008). Suite à la mise en place d'une gestion des inondations dans le Mississippi à l'aide de financements fédéraux, des demandes émergent dans le Sacramento pour protéger l'agriculture et favoriser la navigation. Après les inondations dévastatrices de 1907 et de 1909, le Congrès vote le *Flood Control Act* en 1917. Le *Sacramento River Flood Control Project* (SRFCP) est alors financé de moitié par chacun des acteurs (État fédéral et État de Californie) pour la construction de 1 760 kilomètres de *levees* et du système de *bypasses* connectés au Sacramento (James et Singer, 2008). Le *weir* (seuil de connexion au bras de débordement) peut être activé pour inonder une partie de la plaine alluviale au profit des aires urbanisées qui sont ainsi épargnées. Le *bypass* (bras de débordement) recueille les hautes eaux du fleuve pour les transférer dans des zones d'épandage de crue. Hors des périodes de crue, cet espace est essentiellement agricole, mais présente aussi sur certains secteurs (zones humides ou ripisylves) un intérêt écologique. De plus, des grands barrages ont été réalisés sur les affluents du Sacramento, notamment pour gérer les extrêmes hydrologiques du fleuve (Wright et Schoellhamer 2004). Les deux tiers du linéaire du Sacramento sont aujourd'hui contraints par des *levees* ou des enrochements de berge.

Le périmètre du Delta du Sacramento et du San Joaquin est défini par le *Delta Protection Act* de 1959 qui vise à protéger les intérêts économiques et écologiques du Delta dans le contexte des transferts d'eau californiens (Lund *et al.*, 2008). La majorité du Delta est située en dessous du niveau de la mer et n'existe donc que grâce aux *levees*. À titre d'exemple, l'île Twitchell, au nord du San Joaquin, se trouve à 4,5 mètres en dessous du niveau de la mer et a été complètement inondée en 1997 (Miller et Fujii, 2009). Les paysages du Delta ont été très fortement modifiés depuis la fin du XIXe siècle, basculant d'un paysage de marais d'eau douce à celui de riches terres agricoles (Mitchell, 1994). 35 % des *levees* font partie du *Sacramento and San Joaquin Federal Flood Control Project* ; le reste est géré par des *reclamation districts* ou des collectifs de propriétaires, questionnant leur pérennité et leur entretien. Cet espace est vu comme un témoin du changement climatique en Californie : les scientifiques y guettent une montée du niveau de la mer (qui entraînerait la salinisation du Delta) ou des extrêmes hydrologiques plus marqués (Norgaard *et al.*, 2009).

« Deux des villes les plus sujettes aux inondations aux États-Unis sont la Nouvelle-Orléans et Sacramento » (James et Singer, 2008, p. 125). Notre étude de cas débute en 2005 et se clôt en 2013 afin de cerner le système dans une période post-Katrina. Ce risque est nourri par des événements antérieurs, comme les inondations de 1997 dans la Central Valley dont le coût est estimé à quatre milliards de dollars (Opperman *et al.*, 2009).

3.3 L'analyse rétrospective de discours médiatiques

L'analyse s'appuie sur deux périodes de présence sur le terrain aux automnes 2011 et 2014 pour rencontrer des acteurs locaux de la gestion de l'eau. Les littératures scientifique et technique ont également fait l'objet d'une attention particulière. Pour s'émanciper des biais liés à la mémoire et assurer une continuité temporelle du signal dans la description de la trajectoire discursive, l'étude s'appuie ici sur un quotidien régional, *Le Sacramento Bee*.

Fondé en 1857, ce journal fait partie du groupe the McClatchy Company. En 2007, *Le Sacramento Bee* était le vingt-septième journal le plus vendu aux États-Unis avec 279 032 exemplaires en semaine et un pic le dimanche à 324 613. Ces chiffres ont chuté en 2014 où le groupe de presse déclarait 217 040 exemplaires en semaine et 266 542 le dimanche. Son aire de diffusion correspond à plus de 2,2 millions d'habitants dans les quatre comtés de Sacramento, de Placer, d'El Dorado et de Yolo. La McClatchy Company estimait en 2006 que 39,5 % des adultes de cet espace étaient touchés tous les jours (avec un pic à 46 % le dimanche). Ce journal est reconnu pour sa couverture des questions environnementales : deux prix Pulitzer ont récompensé « Majesty and Tragedy : The Sierra in Peril » de T. Knudson en 1992 et des éditoriaux de T. Philp sur une potentielle restauration de l'Hetch Hetchy Valley en 2005.

Face à des contraintes temporelles et économiques, la base de données *Access World News* a été utilisée. Elle donne accès au titre à partir de 1984, d'où une couverture temporelle plus longue que celle d'*Europresse* qui débute en 2008. De plus, elle propose une lecture par sommaire de numéro qui limite les oublis liés aux requêtes générales. Ce dépouillement a permis de couvrir la période 2005-2010. Pour la période 2011-2013, trois requêtes ont été définies à partir du travail sur les sommaires et menées sur la base de données *Europresse* : « Sacramento River », « Delta » et « Central Valley ». À partir des 1 090 articles portant sur le Sacramento, il a fallu ensuite procéder à des tris, en se centrant notamment sur les articles dont l'inondation est le thème principal. Chacun des 340 articles sélectionnés a été référencé dans un tableau avec ses principales caractéristiques (date de publication, page, rubrique, auteur, présence d'illustrations...).

Les traitements mêlent les approches quantitative et qualitative. L'analyse de données textuelles est mobilisée pour aborder le corpus selon une perspective synoptique et contrastive, en combinant les différentes fonctions des logiciels TXM (Heiden *et al.*, 2010) et IRaMuTeQ (Ratinaud et Dejean, 2009). Pour étudier l'évolution temporelle de l'utilisation d'un mot, TXM propose une progression qui donne à voir les mentions de formes graphiques par des courbes des effectifs cumulés. IRaMuTeQ permet d'appréhender les mondes lexicaux du corpus au moyen d'une classification descendante hiérarchique qui dégage les principales classes structurant le discours. Sous TXM, tous les mots avec des majuscules ont été extraits *via* un index et triés manuellement pour distinguer les espaces, les acteurs et les débuts de phrases ; puis ils ont fait l'objet d'une désambiguïsation grâce à un concordancier qui permet de voir l'utilisation des termes en contexte. La table des occurrences des toponymes a été traitée dans un système d'information géographique sous QGIS. La démarche qualitative repose sur une lecture attentive du corpus qui a notamment permis d'extraire des citations.

Ainsi, les trajectoires discursives sont abordées *via* 340 articles issus du *Sacramento Bee* publiés entre 2005 et 2013, en mobilisant des techniques d'analyse de données textuelles.

4   Un après Katrina ? Les changements discursifs à propos des inondations du Sacramento

4.1 Quand une catastrophe externe génère une certaine prise de conscience du risque

La catastrophe de Katrina a eu un fort écho médiatique (inter) national, mais le choc s'avère particulièrement marqué dans l'aire urbaine de Sacramento. Dès 2005, l'ouragan Katrina infléchit les discours concernant le Sacramento. Cette rupture exogène impulse en effet une nouvelle trajectoire discursive et joue un rôle de catalyseur puisqu'elle génère une hausse du nombre de publications au sujet des inondations du fleuve (fig. 2)

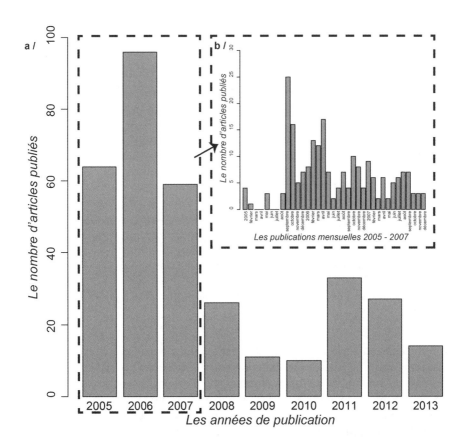

Fig. 2   Hauts et bas du nombre d'articles publiés sur les inondations du Sacramento de 2005 à 2013 (*n* = 340).

Fluctuations in the number of articles on floods of the Sacramento between 2005 and 2013 (n = 340).

Un sous-corpus centré sur l'année 2005 rassemble 124 articles publiés sur le Sacramento en général. 17 % des mentions du radical *flood* ont lieu dans les huit premiers mois de l'année. En l'espace de deux mois, alors que la catastrophe est évoquée directement plus de 200 fois, le radical *flood* apparaît plus de 600 fois. Une concordance temporelle apparaît alors clairement entre les mobilisations de Katrina et les évocations (en plein essor) des inondations du Sacramento. Si en novembre et en décembre 2005, les citations du désastre se raréfient, le sujet des inondations reste important, avec 250 citations (fig. 3).

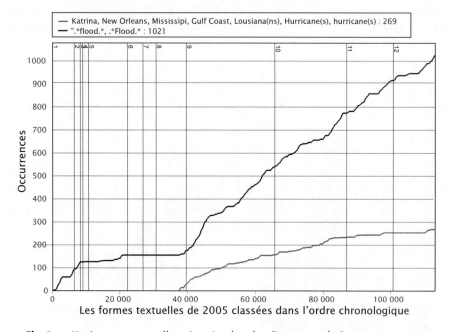

Fig. 3   Katrina : une nouvelle trajectoire dans les discours sur le Sacramento en 2005 (*n* = 124).

Katrina: a new trajectory in the discourse concerning the Sacramento River 2005 (n = 124).

Deux expressions journalistiques insistent sur une nouvelle ère de gestion pour le Sacramento, à la suite des inondations dues à l'ouragan : *a wake-up call* ou *in the wake of Katrina Hurricane* traduisent « une prise de conscience ». Il y aurait donc un avant et un après Katrina qui apparaît comme une sonnette d'alarme ou un coup de semonce. Certes 42 % des mentions de cette expression dans les 340 articles sur l'inondation ont lieu en 2005, mais ses utilisations persistent ultérieurement. Sa présence sept ans après la catastrophe tend à montrer qu'elle joue un rôle durable dans une optique de gestion du risque.

L'exemple du Sacramento souligne que le risque peut exister sans catastrophe immédiate : cela ne veut pas dire qu'il n'y a pas eu ou qu'il n'y aura pas de catastrophe. Une catastrophe exogène, celle de La Nouvelle-Orléans, est mobilisée, générant une nouvelle référence et une rupture discursive centrée sur le risque.

4.2 Quand une catastrophe externe met en lumière des vulnérabilités spatiales

Comment différents espaces sont-ils mis en parallèle entre la situation du Sacramento et celle née de la catastrophe de Katrina ? La comparaison est-elle fondée sur une logique nomothétique, c'est-à-dire sur des organisations spatiales dont les structures et les fonctions seraient similaires, ou repose-t-elle plutôt sur une démarche idiographique qui met en regard deux études de cas ? Les discours témoignent d'un emboîtement scalaire des espaces du risque. Il est pensé aux échelles de la Central Valley (incluant le San Joaquin), du bassin versant du Sacramento (avec les *bypasses* et les barrages de l'American River) et du chenal (le Sacramento ou le Delta).

Le Sacramento et le Mississippi sont-ils comparables ? Le fleuve Mississippi n'apparaît qu'à vingt-huit reprises et reste donc relativement sous-représenté. Quand le régime hydrologique des fleuves Sacramento et Mississippi est comparé, le discours devient alarmiste. En effet, le Sacramento s'avère beaucoup plus puissant et rapide que le Mississippi. En l'absence d'ouragan, l'accent est mis sur les orages, dont la crainte s'accroît dans un contexte de changement climatique. De plus, le risque inondation est souvent connecté dans les discours à celui des tremblements de terre qui pourraient déstabiliser les dispositifs de protection (comme les *levees*). Toutefois, les discours médiatiques fondent le parallèle davantage sur des formes urbaines que sur des logiques environnementales.

Les trajectoires discursives sur les inondations tendent à se concentrer sur l'urbanisation. Au sein des espaces urbains, Sacramento jouit d'un poids prépondérant, suivi par Natomas et West Sacramento. La Nouvelle-Orléans est le huitième toponyme le plus cité, ce qui confirme le rôle joué par la rupture exogène de Katrina (Fig. 4). À l'échelle infra-urbaine, des espaces de développement urbain sont clairement évoqués, comme Pocket ou Garden Highway. De même, Clarksburg, certes encore rural, pourrait accueillir un projet suburbain.

La Nouvelle-Orléans est citée 237 fois, alors que Katrina apparaît à 226 reprises. La focale sur cette ville est manifeste : elle tend à incarner le désastre. La Nouvelle-Orléans apparaît alors comme l'*alter ego* de Sacramento (*a sister city*) ; ces deux villes aux profils similaires doivent être en mesure de faire face à de potentielles catastrophes. Les propos des journalistes se centrent sur la vulnérabilité des espaces urbains pour justifier cette comparaison. En effet, La Nouvelle-Orléans dispose d'une protection pour les crues d'une période de retour de 250 ans, quand Sacramento n'est endiguée que pour les crues centennales et ponctuellement bicentennales, « ce qui positionne presque un demi-million de personnes dans une situation de risque » (*Sacramento Bee*, 09/11/2006). La vulnérabilité de Sacramento est liée à la fois à son niveau de protection considéré dorénavant comme trop faible et au nombre d'habitants dont les habitations et

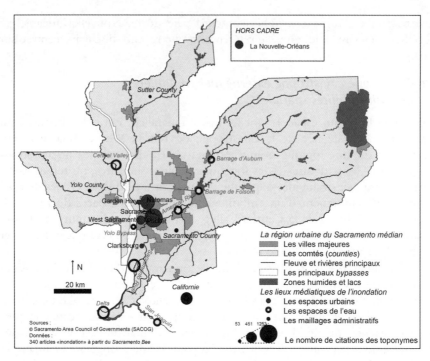

Fig. 4   Les espaces vulnérables révélés par Katrina
Areas subject to flood risk identified following Katrina.

les activités sont parfois situées en dessous du niveau de la mer et dépendent donc des digues.

D'autres espaces urbains, à une échelle plus fine, attirent l'attention dans un contexte post-Katrina : la comparaison est toujours fondée sur la vulnérabilité. L'exemple emblématique est Natomas : située au nord de Sacramento, cette communauté est en plein essor démographique du fait de l'étalement urbain de la capitale. Elle présente des points communs manifestes avec La Nouvelle-Orléans, notamment en occupant le même type de site : cette cuvette correspond à une zone d'expansion des crues qui doit son maintien à toute une série d'aménagements pour drainer et évacuer les eaux (canaux, pompes, digues...). Ce site combiné aux constructions en dessous du niveau de la mer justifie les comparaisons. « Après que les *levees* cédèrent à la Nouvelle Orléans et que la ville fut inondée, [cette habitante] réalisa qu'elle partageait quelque chose de commun avec les nombreuses victimes de Katrina : elle aussi a des *levees* à côté de chez elle » (*Sacramento Bee*, 25/09/2005). Ainsi la vulnérabilité est-elle accrue par la méconnaissance du risque inondation, puisque cette nouvelle *suburb* accueille des néo-arrivants qui disposent d'une faible expérience du risque : dans ce contexte, Katrina favorise la prise de conscience.

Le radical *levee* est présent 3 162 fois, ce qui est relativement proche des occurrences de mots construits autour de *flood* et témoigne d'une très importante représentation. Ce dispositif technique incarne la crise en devenir : les médias l'identifient à un problème annoncé en termes de sécurité à cause de leur dégradation et de leur faible entretien, de leur niveau de protection réel et représenté ainsi que de leur végétalisation. L'urbanisation derrière les digues fait également question. Si une partie des digues est gérée par l'US Army Corps of Engineers, de nombreux districts héritiers des *reclamation districts* et des propriétaires privés se partagent également la responsabilité morcelée de cette gestion. La vulnérabilité des *levees* manifeste l'inondation probable, comme l'ont montré les brèches lors de Katrina. Si la protection liée aux digues est contestée, les *bypasses* et les barrages jouissent d'une bien meilleure presse et apparaissent comme une solution à développer à l'avenir.

Représenter l'ailleurs catastrophique revient dans ce cas à se représenter un ici risqué. L'ailleurs parle d'ici, l'avéré rappelle le virtuel et la catastrophe renforce le latent, dans une approche essentiellement nomothétique.

4.3 Quand une catastrophe externe entraîne une nouvelle hiérarchisation des acteurs

Katrina joue le rôle de révélateur d'une inondation potentielle. Suite à cette rupture se pose la question des actions entreprises et des acteurs impliqués. Ces derniers correspondent à différents niveaux.

La catastrophe de Katrina a révélé, d'après R. Huret (2010), les choix politiques des États-Unis : la priorité dans la gestion des risques n'a pas été ni aux inondations ni plus généralement aux risques dits « naturels ». Les accusés du scandale de Katrina deviennent-ils les coupables annoncés du risque au bord du Sacramento ? L'échelon des États-Unis est très mobilisé : « *federal* » apparaît à 626 reprises. Deux acteurs apparaissent centraux : l'US Army Corps of Engineers avec 713 mentions et la Federal Emergency Management Agency (FEMA) avec 259 occurrences. « La FEMA fait face à un problème structurel dans sa double responsabilité, en se préparant à la fois aux attaques terroristes et aux catastrophes naturelles. [...] La FEMA a passé trop de temps à programmer comment survivre à une guerre nucléaire. Trop peu de temps a été dépensé pour s'inquiéter des inondations dans le Delta du Sacramento et du San Joaquin » (*Sacramento Bee*, 11/09/2005). Si la FEMA a cristallisé certaines critiques lors de Katrina en 2005, elle se voit supplantée dans les discours par l'US Army Corps of Engineers. Les compétences de ces deux administrations diffèrent : la FEMA joue un rôle dans le zonage de la plaine d'inondation en cartographiant les espaces du risque en fonction de modèles statistiques et d'une référence à la crue centennale, quand les citations de l'US Army Corps of Enginers passent d'une focale sur la digue mal entretenue à l'enjeu de la végétalisation des berges qui déstabiliserait les *levees*. Ainsi, ces deux administrations sont les plus citées sur le Sacramento parce qu'elles sont stigmatisées comme responsables de la catastrophe de Katrina.

Sous IRaMuTeQ, une classification descendante hiérarchique permet d'envisager les principaux mondes lexicaux du corpus (fig. 5). Ces derniers apparaissent structurés en deux groupes. Le premier réunit 63 % des segments classés du corpus autour des temporalités et met au premier plan la rupture de Katrina (classe 4), la gestion aux niveaux local et fédéral (classe 1) et celle de l'État de Californie (classe 5). Le second groupe aborde plutôt les espaces des inondations ; il porte sur le système spatial du Sacramento (classe 3) et sur les facteurs exogènes qui l'influencent (classe 2).

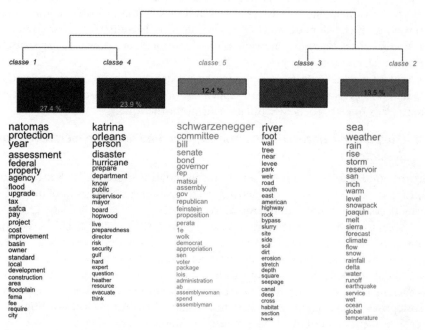

Fig. 5   Des acteurs plus ou moins impliqués dans la gestion de l'inondation.
Actors involved to varying degrees in flood management.

Une analyse des similitudes réalisée sur la classe 4 (où est mentionné l'ouragan Katrina) montre que le réseau de mots associés s'organise autour de *city* et présente deux ramifications : la première vers La Nouvelle-Orléans, la seconde vers *person*. Si le lien entre l'urbanisation autour du Sacramento et la catastrophe de Katrina a déjà été esquissé, une nouvelle échelle sociale est soulignée ici, celle de l'individu. L'échelle individuelle soulève différents enjeux, notamment la question des assurances des foyers et la connaissance du risque et des modalités d'évacuation.

L'État de Californie bénéficie aussi d'une place centrale avec 1 155 occurrences. Le California Department of Water Resources (CDWR) présente 255 mentions. L'analyse des similitudes révèle que le réseau de mots de la classe 5 se structure autour de l'État de Californie et se divise en trois pôles principaux : le premier est incarné par le gouverneur, le deuxième est structuré autour de mesures politiques (les *bonds*) et le troisième s'inscrit dans le processus législatif, au Sénat et à l'Assemblée, au niveau des États fédéré et fédéral. L'État de Californie s'impose comme un échelon pertinent dans l'appréhension de la thématique inondation. Si cette mission était assurée au niveau local et fédéral, Katrina favorise un retour du gouverneur sur le devant de la scène. Toutefois, les acteurs locaux (comme la Sacramento Area Flood Control Agency) tiennent encore une place importante.

5   Éléments de discussion

5.1 Le risque, entre ici et ailleurs

En l'absence de catastrophe récente, le risque se construit autour de références : leur définition peut s'appuyer sur des événements historiques internes au système ou sur des événements lointains dont la survenue est plus ou moins probable ici.

La référence à des années antérieures aux bornes chronologiques du corpus permet de relier la situation de Katrina à celle du Sacramento : elle crée un effet de réel ou du moins de probable dans la comparaison. Les années 1997 et 1986 sont respectivement citées 70 et 69 fois. Ces crues historiques médiatiques sont celles dont parlent aussi les gestionnaires lors des entretiens et les scientifiques dans leurs publications. Ainsi, la presse n'est pas uniquement fiable pour relater des inondations en temps réel (Delitala, 2005), mais permet aussi d'établir les inondations historiques vues comme des ruptures. En effet, l'écho de Katrina invite à la reconstruction historique du risque inondation au bord du Sacramento : « La région a fait face à deux événements majeurs d'inondation en 1986 et 1997. Aucune autre aire métropolitaine majeure ne fait face à un risque plus important d'inondations sévères » (*Sacramento Bee*, 25/09/2005). En 2005, des articles regrettent la tendance à l'oubli des catastrophes de 1986 et de 1997 et contribuent alors à leur remémoration, à la faveur de la catastrophe de Katrina. Ces deux inondations questionnent la gestion des inondations depuis 1997 au sein du système du Sacramento, à la lumière d'un événement externe. Dans le même temps, l'exogène prend sens au regard de phénomènes historiques endogènes, constituant une boucle de rétroaction positive. La référence à des événements historiques joue ainsi le rôle de passerelle entre deux systèmes spatiaux.

Les discours analysés utilisent la comparaison non pour évoquer Katrina mais pour traiter du Sacramento : d'une focale exogène, le regard glisse vers l'objet étudié qui est décrit comme le lieu d'une catastrophe future. Le diptyque exogène et endogène présente donc des limites poreuses : la référence à l'exogène ne se justifie que par des traits partagés par les deux objets. Elle devient alors un moyen d'appréhender les évolutions, se manifestant « en un lieu de faiblesse » et prenant forme à travers « l'intervention d'un catalyseur » (Brunet, 1967, p. 29). Détecter ces espaces de faiblesse est complexe. Les discours mettent en exergue différentes vulnérabilités – notamment biophysique (questionnant les capacités de résistance d'aménagements comme la *levee* ou le bâti), sociale (comme capacité des sociétés à faire face *via* par exemple l'évacuation) et fonctionnelle (à travers les différentes infrastructures) (Rufat, 2013) –, mais aussi des facteurs spatiaux matériels (Reghezza, 2006) comme les sites d'implantation des habitations et des zones d'activité. Le catalyseur n'est pas ici la cause du problème : Katrina révèle une situation et un contexte.

Évoquer la catastrophe ailleurs peut alors être vu comme un acte discursif, visant à éviter l'hypothèse du pire. « Jusqu'à ce que cela arrive, Sacramento a quelque chose en commun avec La Nouvelle Orléans, ce que personne ne devrait ignorer » (*Sacramento Bee*, 30/08/2005). La référence à Katrina relèverait du principe de précaution. « La prophétie de l'auteur est parfois salutaire, quand il avertit de l'imminence d'un danger et fournit ainsi la possibilité de s'en protéger. Il s'agit alors d'une prophétie suicidaire, dont le simple énoncé empêche la réalisation » (Staszak, 2000, p. 115). La Nouvelle-Orléans s'inscrit-elle dans une « prophétie suicidaire » ? L'identification du problème invite à le considérer comme sérieux et favorise l'intervention des pouvoirs publics pour tenter de le résoudre (Cefaï, 1996). Katrina serait alors une rupture discursive qui définit un problème social et permet de développer des actions pour limiter une probabilité d'occurrence ou une intensité.

5.2 Le non-humain et l'inondation : entre politiques descendantes et réalités locales

Conformément aux principes de l'*Advocacy Coalition Framework*, Katrina comme événement exogène devrait générer une politique descendante de gestion des risques au bord du Sacramento. La rupture discursive de 2005-2007 est centrée sur les *levees*, puis la focale se déplace en partie pour se concentrer sur leur végétalisation. Après avoir été stigmatisés lors de Katrina, deux acteurs fédéraux deviennent cruciaux : la FEMA et l'US Army Corps of Engineers.

En 2005, 41 % de la population du comté de Sacramento vit derrière les *levees* (Burton et Cutter 2008). Dans les espaces agricoles, ces dernières sont conçues pour des crues centennales. Or l'urbanisation grignote une partie de ces espaces initialement ruraux, sans que les digues ne soient modifiées pour prendre en compte les crues bi-centennales qui sont habituellement considérées dans les zones urbaines (James et Singer, 2008). La plaine inondable (*floodplain*) est définie comme l'espace potentiellement envahi par les eaux d'une crue centennale et fonde la politique de gestion des inondations aux États-Unis (Eisenstein et Mozingo, 2013). La présence d'une digue exclut donc l'espace qu'elle protège de la plaine alluviale et permet alors un développement des constructions (sans qu'une assurance ne soit requise). Un tel modèle sous-entend que la protection par les digues est sans faille. Ainsi, vers Stockton (côté San Joaquin), J. Ludy et de G. M. Kondolf (2012) insistent sur l'absence de conscience du risque chez les habitants, y compris ceux ayant fait des études supérieures, alors qu'ils vivent en dessous du niveau de la mer. En 2005, 85 % des propriétaires de Natomas ne paient pas d'assurance pour leur domicile. Les discours médiatiques vont dans le même sens : les habitants ignorent leur vulnérabilité. La méconnaissance du risque serait liée à l'absence d'expérience d'inondation et à la dynamique d'achat. Interrogés par le *Sacramento Bee* en septembre 2005, des acheteurs affirment que l'agent immobilier leur a expliqué que le bien acheté ne se trouve pas dans la *floodplain* et ne nécessite donc pas de payer une assurance. Or ces néo-arrivants de Natomas sont certes protégés par des digues, mais restent situés dans la plaine d'inondation d'un point de vue géomorphologique. La catégorisation et les modalités de définition de la *floodplain* (comme zonage politique ou réalité biophysique) peuvent donc induire les habitants en erreur. Un des leviers d'action pour la FEMA réside alors dans le zonage. À partir de 2008, Natomas a été soumis au zonage AE par lequel la FEMA exige la surélévation des constructions pour faciliter les refuges. En 2015, suite à des pressions locales, le zonage A99 est préféré : l'espace est alors soumis uniquement à des règles assurantielles particulières. Cet exemple montre comment, en l'espace de dix ans, des décisions nationales font l'objet d'une application puis d'arrangements locaux dans un contexte de pression urbaine : le renforcement de la digue permet de poursuivre l'urbanisation. Ainsi, une rupture exogène génère des prises de décisions mais aussi des jeux de pouvoir qui évoluent.

En outre, des mesures *top-down* achoppent du fait de leurs difficultés d'adaptation au contexte local. Ces décisions apparaissent comme « hors sol » et font l'objet d'une réception locale conflictuelle. En effet, à la suite de Katrina, en 2007, une des décisions prises à l'échelle des États-Unis promeut la fin de la végétalisation des *levees* parce que les arbres les déstabiliseraient. Au niveau fédéral, l'US Army Corps of Engineers doit mettre en œuvre cette mesure. Or, au bord du Sacramento, cette décision est très contestée. Au sein du CDWR, la déstabilisation des *levees* par la végétalisation ne va pas de soi : les racines ne consolident-elles pas le dispositif technique ? Localement, le personnel de l'US Army Corps of Engineers est lui aussi réticent du fait de son expérience de terrain. Les habitants considèrent que ces arbres font partie de leur cadre de vie, de leur paysage quotidien et de leurs représentations du Sacramento. En 2011-2012, l'affaire est portée devant les tribunaux par un collectif d'acteurs hétérogènes : pour se faire entendre, une définition du problème non centrée sur l'inondation est proposée. Elle considère que les arbres constituent des habitats et que leur disparition risquerait de dégrader les milieux d'espèces menacées. La solution vient finalement d'une intense activité de *lobbying* née d'un réseau d'acteurs environnementalistes et politiques du Congrès. En effet, en juin 2014, B. Obama promulgue le *Water Resources Reform and Development Act* (WRRDA) : ce texte demande à l'US Army Corps of Engineers davantage de flexibilité dans la mise en œuvre de la politique de gestion de la végétation sur les digues. Si l'État fédéral tente d'homogénéiser les procédures de gestion des digues à l'échelle nationale après Katrina, la réception locale de cette politique entraîne un blocage qui court-circuite la démarche. Cette mesure apparaît comme inadaptée à la réalité locale du Sacramento et doublement exogène puisque calquée sur un autre système fluvial et émergeant de sphères fédérales jugées lointaines.

Même si l'approche développée est très anthropocentrée par sa dimension politique, le non-humain (comme les digues ou les arbres) s'avère crucial dans la réalisation des politiques publiques et permet de faire le lien entre l'échelon national et les mises en œuvre locales. Ces deux exemples interrogent ainsi l'efficacité de politiques descendantes qui font l'objet tantôt d'arrangements, tantôt de blocages dans leur réception locale.

6 Conclusion

Le risque dans un système spatial repose sur une dialogique, comprise comme deux logiques qui s'alimentent tout en s'opposant, c'est-à-dire comme « deux principes ou notions devant s'exclure l'un l'autre mais qui sont indissociables en une même réalité » (Morin, 1999, p. 109). Le risque inondation au bord du Sacramento montre comment l'ailleurs se nourrit de la définition de l'ici et comment l'ici alimente la définition de l'ailleurs ; comment l'hier est lu au prisme du présent et comment les récits contemporains se fondent sur l'hier ; et comment les représentations du risque sont liées à celles des catastrophes, quand les catastrophes sont le miroir d'(in)adaptations des sociétés face à des événements paroxysmiques. Si de nombreuses différences existent entre la Louisiane et la Californie sur le plan environnemental, les discours médiatiques, politiques et scientifiques insistent sur les points communs dont l'urbanisation croissante, le dispositif technique que constitue la *levee*, des vulnérabilités importantes et une faible conscience du risque. Ils s'inscrivent dans une recherche des responsabilités et des améliorations possibles, en stigmatisant le pire.

En matière de gestion des risques en Californie, les politiques descendantes de niveau fédéral s'appuient essentiellement sur des zonages ou des dispositifs techniques. Ces deux leviers qui visent à « normaliser » des savoirs, des savoir-faire et des actions font parfois l'objet d'une réception locale polémogène. Un faisceau de stratégies peut alors être mis en place localement, du laisser-faire ou de l'attente à des blocages ou à des court-circuitages, en passant par des arrangements plus ou moins déclarés. Les échelons régional et local semblent s'affirmer davantage dans cette hiérarchie du jeu d'acteurs, questionnant alors la reproductibilité de choix très contextualisés dans une optique nationale.

7 Remerciements

Les auteurs remercient Hervé Piégay et Matt Kondolf pour leurs nombreux conseils et leur soutien. Cette étude a été rendue possible par le Programme International de Coopération Scientifique (PICS) CNRS sur le Sacramento.

Université Bourgogne Franche-Comté
UMR 6049 ThéMA CNRS
32, rue Mégevand
25030 Besançon cedex
emeline.comby@univ-fcomte.fr

ENS de Lyon, UMR 5600 EVS CNRS
15 Parvis René Descartes
BP 7000
69342 Lyon cedex 07
yves-francois.le-lay@ens-lyon.fr

8 Bibliographie

Alexander D. (1980), « The Florence Floods — What the Papers Said », *Environmental Management,* 4 (1), p. 27-34.

Allan S., Adam B. et Carter C. (2000), *Environmental Risks and the Media*, Londres, Routledge.

Anderson A. (1997), *Media, Culture, and the Environment*, London, UCL Press.

Anderson A. (2010), « Mediating risk: towards a new research agenda », *Journal of Risk Research,* 13 (1), p. 1-3.

Bakir V. (2010), « Media and risk: old and new research directions », *Journal of Risk Research,* 13 (1), p. 5-18.

Bakker K. (1999), « Deconstructing Discourses of Drought », *Transactions of the Institute of British Geographers,* 24 (3), p. 367-372.

Blumer H. (1971), « Social Problems as Collective Behaviour », *Social Problems,* 18 (3), p. 298-306.

Bordreuil J. S. et Tonnelat S. (2011), « La Nouvelle-Orléans après Katrina », *Métropolitiques,* http://www.metropolitiques.eu/La-Nouvelle-Orleans-apres-Katrina.html.

Boykoff M. T., (2011), *Who Speaks for the Climate?: Making Sense of Media Reporting on Climate Change*, Cambridge University Press.

Brunet R., (1967), *Les phénomènes de discontinuités en géographie*, Paris, CNRS.

Burgess J., (1990), « The Production and Consumption of Environmental Meanings in the Mass Media: A Research Agenda for the 1990s », *Transactions of the Institute of British Geographers* 15 (2), p. 139-161.

Burton C. et Cutter S. L. (2008), « Levee Failures and Social Vulnerability in the Sacramento-San Joaquin Delta Area, California », *Natural Hazards Review,* 9 (3), p. 136-149.

California State Lands (1993), *California's Rivers, a Public Trust Report*, Sacramento, The Commission.

Callon M., Lascoumes P. et Barthe Y.(2001), *Agir dans un monde incertain : essai sur la démocratie technique*, Paris, Éditions du Seuil.

Cefaï D. (1996), « La construction des problèmes publics, Définitions de situations dans des arènes publiques », *Réseaux,* 14 (75), p. 43-66.

Comby E. (2013), « Les discours de presse sur les reconquêtes du Rhône lyonnais (*Le Progrès*, 2003-2010) », *Géocarrefour*, 88 (1), p. 31 – 43.

Comby E. (2015), *Pour qui l'eau ? Les contrastes spatio-temporels des discours sur le Rhône (France) et le Sacramento (États-Unis)*, Lyon, Thèse de l'Université Jean Moulin — Lyon 3.

Comby E. et Le Lay Y.-F. (2011), « Les inondations sous presse dans le bassin versant de la Drôme (Rhône-Alpes, France) », *Revue du Nord*, Hors Série Collection Art et Archéologie n° 16, p. 183-199.

Comby E., Le Lay Y.-F. et Piégay H. (2014a), « How Chemical Pollution Becomes a Social Problem, Risk Communication and Assessment through Regional Newspapers during the Management of PCB Pollutions of the Rhône River (France) », *Science of The Total Environment* 482-483, p. 100-115.

Comby, E., Y.-F. Le Lay et H. Piégay (2014b), « The Achievement of Decentralized Water Management Through Broad Stakeholder Participation, An Example from the Drôme River Catchment Area in France (1981-2008) », *Environmental Management*, 54, p. 1074-1089.

Commitee on Disasters and the Mass Media (1980), *Disasters and the Mass Media: Proceedings of the Committee on Disasters and the Mass Media Workshop, February 1979*, National Academy of Sciences.

Dauphiné A. (2005), *Risques et catastrophes : Observer, spatialiser, comprendre, gérer*, Paris, Armand Colin.

Delitala A. M. S. (2005), « Perception of intense precipitation events by public opinion », *Natural Hazards Earth System Science* 5 (4), p. 499-503.

Downs A. (1972), « Up and down with ecology: the « Issue-Attention Cycle » », *Public Interest*, 28, p. 38-50.

Dudo A. D., Dahlstrom M. F. et Brossard D. (2007), « Reporting a Potential Pandemic A Risk-Related Assessment of Avian Influenza Coverage in U.S. Newspapers », *Science Communication*, 28 (4), p. 429-454.

Eisenstein W. et Mozingo L. (2013), « Valuing Central Valley Floodplains, A framework for Floodpain Management Decisions », Berkeley, The Centre for Resource Efficient Communities, University of California.

Fairclough N. (2010), *Critical Discourse Analysis: The Critical Study of Language*, Harlow, Longman.

Foucault M. (1971), *L'ordre du discours : Leçon inaugurale au Collège de France prononcée le 2 décembre 1970*, Paris, Gallimard.

Freudenburg W. R., Gramling R., Laska S. et Erikson K.T. (2009), *Catastrophe in the Making: The Engineering of Katrina and the Disasters of Tomorrow*, Washington, Island Press.

Friedman S. M., Gorney C. M. et Egolf B. P. (1987), « Reporting on Radiation: A Content Analysis of Chernobyl Coverage », *Journal of Communication*, 37 (3), p. 58-67.

Gay J.-C. (2004), *Les Discontinuités spatiales*, Paris, Economica.

Heathcote R.L. (1969), « Drought in Australia: A Problem of Perception », *Geographical Review* 59 (2), p. 175-194.

Heiden S., Magué J.-P. et Pincemin B. (2010), « TXM : Une plateforme logicielle open-source pour la textométrie — conception et développement », In *Statistical Analysis of Textual Data — Proceedings of 10th International Conference Journées d'Analyse statistique des Données Textuelles*, 2, p. 1021-1032.

Hernandez, J. (2009), « The Long Way Home : une catastrophe qui se prolonge à La Nouvelle-Orléans, trois ans après le passage de l'ouragan Katrina », *L'Espace géographique*, 38 (2), p. 124-138.

Hilgartner S. et Bosk C. L. (1988), « The Rise and Fall of Social Problems: A Public Arenas Model », *American Journal of Sociology*, 94 (1), p. 53-78.

Huret R. (2010), *Katrina, 2005 : L'ouragan, l'État et les pauvres aux États-Unis*, Paris, Éditions de l'École des Hautes Études en Sciences Sociales.

James L. A. et Singer M. B. (2008), « Development of the lower Sacramento Valley flood-control system: Historical perspective », *Natural Hazards Review,* 9 (3), p. 125-135.

Kasperson R. E., Renn O., P. Slovic, Brown H. S., Emel J., Goble R., Kasperson J. X. et Ratick S. (1988), « The Social Amplification of Risk : A Conceptual Framework », *Risk Analysis,* 8 (2), p. 177-187.

Latour B. (2011), *Pasteur : Guerre et Paix des Microbes*, Paris, La Découverte.

Le Lay Y.-F. et Germaine M.-A. (2017), « Déconstruire ? L'exemple des barrages de la Sélune (Manche) », *Annales de géographie,* 715, p. 259-286.

Le Lay Y.-F. (2013), « Éditorial. Encrer les eaux courantes : la géographie prise au mot », *Géocarrefour,* 88 (1), p. 3-13.

Le Lay Y.-F. et Rivière-Honegger A. (2009), « Expliquer l'inondation : la presse quotidienne régionale dans les Alpes et leur piedmont (1882-2005) », *Géocarrefour,* 84 (4), p. 259-270.

Lemieux C. (2007), « À quoi sert l'analyse des controverses ? » *Mil neuf cent, Revue d'histoire intellectuelle,* 25 (1), p. 191-212.

Lester L. (2010), *Media and Environment: Conflict, Politics and the News*, Cambridge, Polity.

Llasat M. C., Llasat-Botija M., Barnolas M., López L. et Altava-Ortiz V. (2009), « An analysis of the evolution of hydrometeorological extremes in newspapers: the case of Catalonia, 1982- 2006 », *Natural Hazards and Earth System Science,* 9 (4), p. 1201-1212.

Ludy J. et Kondolf G. M. (2012), « Flood Risk Perception in Lands « Protected » by 100-Year Levees », *Natural Hazards,* 61 (2), p. 829-842.

Lund J. R., Hanak E., Fleenor W. E., Bennett W.A., Howitt R. E., Mount J. F. et Moyle P. B. (2008), *Comparing Futures for the Sacramento-San Joaquin Delta*, San Francisco, University of California Press.

Mancebo F. (2006), « Katrina et la Nouvelle-Orléans : entre risque « naturel » et aménagement par l'absurde », *Cybergeo : European Journal of Geography*, https://journals.openedition.org/cybergeo/3159

Marchand P. (2004), *Psychologie sociale des médias*, Rennes, Presses Universitaires de Rennes.

McComas K. A. (2006), « Defining Moments in Risk Communication Research: 1996-2005 », *Journal of Health Communication,* 11 (1), p. 75-91.

McCombs M. E. et Shaw D. L. (1972), « The Agenda-Setting Function of Mass Media », *Public Opinion Quarterly,* 36 (2), p. 176-187.

Miller R. L. et Fujii R. (2009), « Plant community, primary productivity, and environmental conditions following wetland re-establishment in the Sacramento-San Joaquin Delta, California », *Wetlands Ecology and Management,* 18 (1), p. 1-16.

Mitchell M. D. (1994), « Land and water policies in the Sacramento-San Joaquin Delta », *Geographical Review,* 84 (4), p. 411-423.

Mondada L. (2013), « Linguistique (Géographie et) », in *Dictionnaire de la Géographie et de l'Espace des Sociétés,* J. Lévy et M. Lussault (dir,), Paris, Belin, p. 618-619.

Montz B. E. et Graham A. T. (2008). « Livin'Large with Levees: Lessons Learned and Lost », *Natural Hazards Review,* 9 (3), p. 150-157.

Morin E. (1999), *La Tête bien faite : Repenser la réforme, reformer la pensée*, Paris, Seuil.

Mount, J. et R. Twiss, (2005), « Subsidence, sea level rise, and seismicity in the Sacramento-San Joaquin Delta », *San Francisco Estuary and Watershed Science,* 3 (1), http://escholarship, org/uc/item/4k44725p.

Neveu E. (1999), « L'approche constructiviste des « problèmes publics », Un aperçu des travaux anglo-saxons », *Études de communication, Langages, information, médiations,* 22, p. 41-58.

Norgaard R. B., Kallis G. et Kiparsky M. (2009), « Collectively engaging complex socio-ecological systems: re-envisioning science, governance, and the California Delta », *Environmental Science & Policy,* 12 (6), p. 644-652.

Opperman, J. J., Galloway G. E., Fargione J., Mount J. F., Richter B. D. et Secchi S. (2009), « Sustainable floodplains through large-scale reconnection to rivers », *Science,* 326 (5959), p. 1487-1488.

Pasquarè F. et Pozzetti M. (2007), « Geological hazards, disasters and the media: The Italian case study », *Quaternary International,* 173-174, p.166-171.

Pigeon P. (2002), « Réflexions sur les notions et les méthodes en géographie des risques dits naturels », *Annales de Géographie,* 111 (627), p. 452-470.

Ratinaud P. et Dejean S. (2009), « IRaMuTeQ : implémentation de la méthode ALCESTE d'analyse de texte dans un logiciel libre », http://repere.no-ip.org/Members/pratinaud/mes-documents/articles-et-presentations/presentation_mashs2009.pdf.

Reghezza M. (2006), *Réflexions autour de la vulnérabilité métropolitaine : la métropole parisienne face au risque de crue centennale,* Paris, Thèse de l'Université Paris X – Nanterre.

Rogers E. M., Dearin J. W., et Bergman D. (1993), « The Anatomy of Agenda-setting Research », *Journal of Communication,* 43 (2), p. 68-84.

Rubin D. M. (1987), « How the News Media Reported on Three Mile Island and Chernobyl », *Journal of Communication,* 37 (3), p. 42-57.

Rufat S. (2013), « Spectroscopy of Urban Vulnerability », *Annals of the Association of American Geographers,* 103 (3), p. 505-525.

Sabatier P. A. (1988), « An Advocacy Coalition Framework of Policy Change and the Role of Policy-Oriented Learning Therein », *Policy Sciences,* 21 (2-3), p. 129-168.

Sabatier P. A. (2010), « Advocacy Coalition Framework (ACF) », In *Dictionnaire des politiques publiques,* L. Boussaquet, S. Jacquot et P. Ravinet (dir.), p. 49-57, Paris, Presses de Sciences Po.

Sabatier P. A. et Jenkins-Smith H. C. (1993), *Policy Change and Learning: An Advocacy Coalition Approach,* Boulder, Colo, Westview Press.

Salomone K. L., Greenberg M. R., Sandman P. M. et Sachsman D. B. (1990), « A Question of Quality: How Journalists and News Sources Evaluate Coverage of Environmental Risk », *Journal of Communication,* 40 (4), p. 117-131.

Sandman P. M., Sachsman D. B., Greenberg M. R. et Gochfeld M. (1987), *Environmental Risk and the Press: an explanatory assessment,* New Brunswick, Transaction Books.

Seydlitz R. A., Spencer J. W. et Lundskow G. (1994), « Media Presentations of a Hazard Event and the Public's Response: an Empirical Examination », *International Journal of Mass Emergencies and Disasters,* 12 (3), p. 279-301.

Singer E. et Endreny P. (1987), « Reporting Hazards: Their Benefits and Costs », *Journal of Communication,* 37 (3), p. 10-26.

Singer, M. B. et T. Dunne (2001), « Identifying eroding and depositional reaches of valley by analysis of suspended sediment transport in the Sacramento River, California », *Water Resources Research,* 37 (12), p. 3371-3381.

Slovic P. (1987), « Perception of Risk », *Science,* 236 (4799), p. 280-285.

Sood R., Stockdale G. et Rogers E. M. (1987), « How the News Media Operate in Natural Disasters », *Journal of Communication,* 37 (3), p. 27- 41.

Spector M. et Kitsuse J. I. (1977), *Constructing Social Problems,* Cummings Pub. Co.

Staszak J.-F., (2000), « Prophéties autoréalisatrices et géographie », *L'Espace géographique,* 29 (2), p. 105-119.

Vasterman P., Scholten O. et Ruigrok N. (2008), « A Model for Evaluating Risk Reporting: The Case of UMTS and Fine Particles », *European Journal of Communication,* 23 (3), p. 319-341.

Veyret Y. et Reghezza M. (2006), « Vulnérabilité et risques. L'approche récente de la vulnérabilité », *Responsabilité & Environnement,* 43, p. 9-13.

Wakefield S. E. L. et J. Elliott S. (2003), « Constructing the News: The Role of Local Newspapers in Environmental Risk Communication », *The Professional Geographer,* 55 (2), p. 216-226.

Wright S. A. et Schoellhamer D. H. (2004), « Trends in the sediment yield of the Sacramento River, California, 1957-2001 », *San Francisco Estuary and Watershed Science,* 2 (2), http://escholarship.org/uc/item/891144f4.pdf.

Zaninetti J.-M. (2013), « Adaptation urbaine post-catastrophe : la recomposition territoriale de La Nouvelle Orléans », *Cybergeo : European Journal of Geography,* https://journals.openedition.org/cybergeo/11363.

De la géographie de la mondialisation à la mondialisation géographique

From the geography of globalization to geographic globalization

Christophe Grenier

maître de conférences HDR, Institut de géographie et d'aménagement régional de l'Université de Nantes (IGARUN), UMR CNRS 6554 LETG Nantes Géolittomer.

Résumé

Cet article commence par exposer quelques points de divergence avec des textes fondateurs de géographes français sur la mondialisation, en particulier sur la nature, la durée et la périodisation de celle-ci. À partir d'une définition de la mondialisation comme processus géohistorique dont la modernité et le capitalisme sont les principaux agents, on défend la thèse, contraire à celle de la plupart des géographies de la mondialisation, d'une homogénéisation du Monde malgré son inégalité croissante. Cette thèse s'appuie sur une notion dont la présentation est l'objectif principal de l'article, celle de « mondialisation géographique » des diverses régions de la Terre. Leur connexion au système Monde et la diffusion de géographies modernes au cours des périodes historiques du processus de mondialisation se traduisent en effet par une érosion de la diversité géographique ou de la « géodiversité ». Ces notions sont illustrées, dans la dernière partie, par une brève description des quatre périodes de la mondialisation géographique, du XVe siècle à aujourd'hui.

Abstract

This paper begins by the statement of some points of divergence with founding texts by French geographers on globalization, particularly about the nature, length and periodization of this process. Starting from a definition of globalization as a geohistorical process, with modernity and capitalism as its main agents, the Author supports a notion going against most of these geographies of globalization. The paper proposes the thesis of the World's homogenization, proceeding in spite of its growing economic inequality. This argument is founded on two notions, the main objective of this paper : the « geographic opening » and « geographic globalization » of the various regions of the Earth. Their connection to the World System and the diffusion of modern geographies during the historical periods of the globalization process entail an erosion of Earth's diversity or « geodiversity ». Examples of these notions are given in the last part of this paper through a short description of the four periods of the geographic globalization, from the XVth century to the present. The conclusion sets out the question of the Earth as ecumene threatened by globalization.

Mots-clés

géohistoire, système Monde, mondialisation géographique, capitalisme, modernité, géodiversité, Terre.

Keywords   *geohistory, World System, geographic globalization, capitalism, modernity, Earth.*

1   Introduction

Il y a dix ans, Lévy notait que « le Monde en tant que Monde ne semble pas avoir vraiment intéressé les géographes, y compris aujourd'hui » (2008b, 46). En France, il faut en effet attendre les années 1980, au cours desquelles émerge la notion de mondialisation, pour que Dollfus (1986) soit le premier géographe à s'y intéresser. On peut, depuis, distinguer deux périodes dans les travaux de géographes français sur la mondialisation : la première est celle des années 1990, dominée par les écrits de Dollfus (1990 ; 1994 ; 1997 ; 1999) ; la seconde, dans les années 2000, voit s'élargir les points de vue avec, notamment, des textes portant sur les dimensions géo-économiques (Carroué, 2002 ; 2006), géohistoriques (Grataloup, 2003 ; 2007 ; 2008) ou socio-spatiales (Lévy, 2007 ; 2008a ; 2008b) de la mondialisation. Il ne s'agit pas de faire ici une recension exhaustive des travaux des géographes français sur la mondialisation mais de commencer par exposer quelques points de divergence avec les textes fondateurs cités ci-dessus[1]. Ces désaccords portent essentiellement, dans certains de ces textes, sur la réduction de la géographie de la mondialisation aux aspects économiques de celle-ci, ou encore, dans d'autres travaux, sur l'absence de prise en compte du capitalisme, mais aussi, de façon générale, sur les périodisations de ce processus. À partir de cette brève relecture critique, cet article propose une définition de la mondialisation comme un processus géohistorique dont la modernité et le capitalisme sont les principaux agents. Cela permet de montrer que la mondialisation, bien qu'elle produise un « espace Monde » (Dollfus, 1994) différencié et hiérarchisé, est un processus d'homogénéisation géographique au sens plein du terme, c'est-à-dire non seulement spatial mais aussi environnemental et géoculturel. Cette thèse, qui va à l'encontre des géographies de la mondialisation étudiées ici, se fonde sur deux concepts — ceux d'ouverture et de mondialisation géographiques — dont la présentation est le principal objectif de cet article. Ces concepts sont illustrés, dans la dernière partie, par une description des quatre périodes de la mondialisation géographique, du XVᵉ siècle à aujourd'hui.

---

1   Deux ouvrages récents (Boquet, 2018 ; Carroué, 2018) montrent en effet que ces travaux des années 1990-2000 restent d'actualité dans la pensée géographique française sur la mondialisation.

2   Géographies de la mondialisation

2.1   Quelle géographie pour la mondialisation ?

Selon Lévy, « on ne peut pas dire que la géographie de la mondialisation constitue un domaine bien établi. Il existe encore de nombreux géographes qui limitent le sens de ce mot à ses seuls aspects économiques[2] » (2008b, 48). Si cet économicisme imprègne certaines géographies de la mondialisation, c'est qu'il s'accorde bien avec une conception de cette science limitée à sa dimension spatiale[3]. Or, de même que la mondialisation n'est pas qu'économique, la géographie ne traite pas que de l'espace.

Pour aborder la mondialisation, je pars d'une interprétation étymologique et classique de la géographie, une science qui étudie, à travers l'analyse de leur localisation, les *graphies* – ou empreintes — que divers acteurs – populations, sociétés, États, etc. — tracent sur la Terre, *Géo*. En produisant, organisant et aménageant l'espace à diverses échelles, ces acteurs transforment les écosystèmes, constituent leurs environnements et construisent ainsi leurs géographies, qui agissent en retour sur le fonctionnement et l'histoire des acteurs qui les créent. Je regroupe sous le terme de « géoculture » les éléments exprimant la part géographique d'une culture, ceux qui participent à la production d'empreintes sur une partie donnée de la Terre[4] et aux représentations que s'en font populations et sociétés. Il est donc nécessaire d'analyser les espaces, environnements et géocultures dans leurs évolutions conjointes, car ces trois dimensions de la discipline expliquent ensemble, par leur localisation et leur histoire, les façons d'habiter la Terre comme les géographies la mondialisation.

2.2   Ambiguïtés sur le capitalisme, confusions entre mondialisation et espace mondial

Bien que le rapport consubstantiel entre mondialisation et capitalisme soit largement accepté au moins depuis les travaux de Wallerstein et de Braudel[5], il

---

2   Lévy (*op. cit.*) donne un exemple : « la géographie de la mondialisation de Carroué n'est pas exempte de ce travers ». Bien que ce dernier déplore que « l'analyse de la mondialisation repose le plus souvent sur une conception économiciste » alors qu'elle est pourtant « irréductible à sa seule dimension économique » (Carroué, 2002, 7), quatre des six chapitres de son livre sont exclusivement consacrés à ses aspects économiques, les deux autres l'étant en partie.

3   « La mondialisation se donnant à lire sous diverses modalités spatiales [...], les géographes français en ont saisi les traductions spatiales, tant du point de vue processuel que factuel, d'autant plus facilement que la mondialisation était concomitante d'une rénovation disciplinaire largement fondée sur des paradigmes économistes » (Lefort, 2008, 362).

4   L'idée est ancienne en géographie : « il y a une façon strictement géographique de penser la culture : en tant qu'empreintes produites par l'homme sur la surface terrestre » (Sauer, 1925 [1969, 326]).

5   Et ce bien que ces auteurs n'emploient pas le terme de mondialisation : « Les origines du monde dans lequel nous vivons aujourd'hui, le système-monde moderne, remontent au XVIe siècle. [...]. Au fil des siècles, il s'est étendu à toute la planète. Il est, et a toujours été, une économie-monde. Il est, et a toujours été, une économie-monde capitaliste » (Wallerstein, 2006, 43) ; « Le capitalisme existe aux dimensions du monde, pour le moins il tend vers le monde entier » (Braudel, 1985, 115).

n'est pas reconnu par tous les géographes. Par exemple, Thumerelle (2001) et Lévy (2007, 2008a, 2008b) ne mentionnent pas le capitalisme, et la position de Dollfus sur ce thème est ambivalente. D'un côté, il affirme que « la mondialisation n'est pas le capitalisme » ; de l'autre, il concède que celui-ci l'a « largement porté dans le passé », qu'aujourd'hui « la marchandisation généralisée porte sur toute chose », et que « le libéralisme est une doctrine d'application générale » (Dollfus, 1997, 12)[6].

Par ailleurs, il semble parfois y avoir confusion entre un processus – la mondialisation – et l'état qui en résulte à un moment donné de l'histoire – l'espace mondial. Ainsi, pour Dollfus, la mondialisation est « l'échange généralisé entre les différentes parties de la planète, l'espace mondial étant alors l'espace de transaction de l'humanité » (1997, 8), tandis que selon Carroué, « la mondialisation peut être définie comme le processus historique d'extension progressive du système capitaliste dans l'espace géographique mondial » (2002, 4). La première de ces définitions considère équivalents l'espace mondial et le processus géohistorique l'ayant produit — la mondialisation, la seconde suppose que « l'espace géographique mondial » préexiste à l'« extension du système capitaliste » alors qu'il en résulte.

On pourrait en conclure qu'« il n'y a pas chez les géographes français de consensus clair sur une définition unique de la mondialisation » (Carroué, 2006, 85). C'est normal, car la mondialisation est un thème complexe et éminemment politique, comme en attestent les périodisations que l'on en fait.

2.3 Des périodisations révélatrices

Comme le souligne Lévy, « la mondialisation n'est pas un état mais un processus. Sa datation, c'est-à-dire sa localisation dans le temps de l'histoire de l'humanité, constitue en elle-même une composante essentielle de l'analyse » (2007, 9). Au point que la durée historique attribuée à la mondialisation et la périodisation que l'on en fait révèlent la conception politique que l'on en a (Murray, 2006).

La position ambiguë de Dollfus sur le rôle du capitalisme dans la mondialisation explique qu'il n'en propose pas de périodisation détaillée. Le premier de ses textes sur le thème n'en fournit qu'une ébauche : « l'espace mondial [...] est produit par le système mondial dont l'émergence est récente dans l'histoire de l'humanité. Trois siècles de genèse, un siècle environ de fonctionnement » (Dollfus, 1986, 225). Il n'indique ensuite, dans son ouvrage majeur, que le point de départ de la mondialisation : « le système se met en place à partir du XVIe siècle » (Dollfus, 1990, 294). Enfin, dans *La Mondialisation*, « qu'on la fasse débuter au moment des Grandes Découvertes ou, sous sa forme actuelle, à la fin du XIXe siècle » (1997, 21) Dollfus n'est guère plus précis. Au moins cette

---

6   Si Dollfus admet ailleurs que « c'est l'accumulation élargie du capital, moteur même du système capitaliste, qui a été et reste l'un des éléments moteurs de la mondialisation de l'économie » (1994, 100), c'est la seule page de *L'Espace Monde* où le capitalisme est mentionné.

esquisse correspond-elle à ce que les historiens considèrent être la durée de la mondialisation.

Il en va autrement de la périodisation de Lévy, qui identifie six « moments » dans la mondialisation. Le premier d'entre eux correspond à « la diffusion d'*Homo sapiens* sur l'ensemble de la planète » (2003, 637), mais c'est confondre le peuplement de la Terre, alors que les populations humaines sont isolées, avec la mondialisation, qui les connecte. Trois autres de ses moments éclairent la conception de la mondialisation qu'a Lévy. « L'inclusion » (1492-1885) se caractérise par le fait qu'« au-delà de la destruction de civilisations [...], [ce moment] intègre peu ou prou les colonies dans la sphère de civilisation de la métropole, fournissant notamment aux colonisés les valeurs de liberté, d'égalité et de progrès qui serviront à leur émancipation » (2007, 12). Pour cet auteur, « la destruction de civilisations » provoquée par l'expansion de « la » civilisation compte peu au regard de l'idéologie moderne que celle-ci diffuse. À propos du quatrième moment, « la mondialisation refusée » (1914-1989), Lévy signale que « la période 1914-1945 marque un coup d'arrêt dans le processus d'ouverture », et qu'« il faut attendre les années 1980 pour retrouver un taux d'ouverture du commerce international équivalent à celui de 1914 » (2007, 13) : la mondialisation équivaut alors à l'« ouverture » au commerce international. Enfin, lors de la « cosmopolitisation » — dernier moment de la mondialisation (depuis 1989), « l'enjeu général peut être défini comme l'émergence d'une société complète de niveau mondial » (2007, 14). Cela pourrait se discuter si l'on incluait dans l'analyse une « cosmopolitisation » essentielle, celle du capitalisme, que Lévy omet bien qu'elle ait été évoquée depuis longtemps[7]. En considérant la mondialisation comme un processus débutant à la préhistoire – donc sans rapport avec le capitalisme — et en la découpant en de semblables moments, Lévy l'assimile au progrès[8], voire à l'humanité[9] : la mondialisation telle que nous la connaissons serait ainsi progressiste, mieux, « naturelle ».

Le premier des « cinq repères » de la périodisation de Grataloup (2007), avertit-il, « peut surprendre », ce qui est le cas puisqu'il le place il y a 12 000 ans, avec « la diffusion de l'*Homo sapiens* sur les terres émergées vierges de toute humanité, l'Amérique en particulier » (*op. cit.*, 13). Cette dernière précision est

---

7   En 1767, le physiocrate Mercier de la Rivière proclamait que « c'est non seulement le commerce mais aussi l'industrie qui est cosmopolite ; elle ne connaît de patrie que les lieux où elle est appelée par son intérêt particulier ; sa devise est *ubi bene, ibi patria* » (*in* Norel, 2004, 11). Et, en 1848, Marx et Engels rappelaient que, « par l'exploitation du marché mondial, la bourgeoisie a donné une tournure cosmopolite à la production et à la consommation de tous les pays » (1998, 78).

8   Cette équivalence est clairement posée dans l'ouvrage sur la mondialisation dirigé par Lévy : « pour pouvoir penser le monde en termes de mondialisation [...], celle-ci doit d'abord être considérée comme un « progrès » : aller vers la mondialisation, c'est affirmer que l'horizon contenu par le mot est une amélioration du fonctionnement du monde » (Dagorn, 2008, 71).

9   « La première mondialisation correspond sans doute à l'émergence de l'humanité comme créatrice de l'historicité » (Lévy, 2007, 11).

inexacte[10], mais l'essentiel n'est pas là : comme Lévy, Grataloup confond ici écoumène et espace Monde[11]. Cependant, il annonce ensuite qu'« avoir fait le choix de 1492 comme date de naissance du Monde, c'est considérer que le seuil décisif de la nouveauté est franchi lorsque l'essentiel des mondes hors de l'Ancien Monde – c'est-à-dire les sociétés amérindiennes — perd son autonomie » (*op. cit.*, 121). La connexion des différentes régions de la Terre est bien la caractéristique géographique fondamentale de la mondialisation. Ce point de départ historique comme les trois autres repères de Grataloup – 1750 ou l'amorce de la Révolution Industrielle, 1914 ou la fin de la « première mondialisation » économique, et 1980 ou le début de la « globalisation » – sont des dates scandant les grandes étapes du développement du capitalisme. Grataloup (2008) soutient néanmoins, là aussi comme Lévy, qu'il existerait une phase d'« antimondialisation du XXe siècle », entre 1914 et les années 1980, ce qui revient à réduire la mondialisation au libre commerce dans le monde entier.

Au vu de ces géographies de la mondialisation, il apparaît indispensable de partir d'une définition précise du processus pour en analyser les empreintes et leur expansion sur la Terre.

3   La mondialisation, un processus géohistorique moderne

Je définis la mondialisation comme un processus géohistorique moderne, subdivisé en périodes déterminées par le développement du capitalisme, qui produit un espace Monde s'étendant progressivement sur la Terre entière[12].

Ce processus est géographique car il a des conséquences spatiales, environnementales et géoculturelles sur son aire d'expansion, et il est historique parce qu'il constitue une ère et se scinde en périodes. Ce processus est géohistorique puisque l'extension de son aire comme les géographies qu'il y produit correspondent aux périodes historiques de son ère. Dire que la mondialisation est moderne signifie qu'elle commence à partir de l'Europe occidentale au XVe siècle, où et quand émergent le capitalisme et l'État « modernes » (Weber, 1923). La modernité est donc une notion essentielle pour comprendre la mondialisation

---

10 Le premier peuplement de l'Amérique remonte à 30 000 ou 40 000 ans BP (Oppenheimer, 2003 ; Mann, 2007).

11 C'est surprenant, car ces géographes énonçaient auparavant, dans un article commun, que « tout ce qui se déploie à l'échelle de la planète, tout ce qui est donc « mondial » n'est pas forcément mondialisé. L'espèce humaine elle-même s'est, à l'occasion de la dernière glaciation, répandue sur la plus grande partie des terres émergées sans créer pour autant un niveau géographique mondial immédiat » (Dollfus, Grataloup, Lévy, 1999, 3).

12 La mondialisation est donc le processus géohistorique de formation, d'expansion et de fonctionnement du « système-monde moderne » de Wallerstein (*op. cit.*) ou du « système Monde » de Dollfus (*op. cit.*). Je suis l'usage de Dollfus d'employer un « M » majuscule dans les notions de « système Monde » et d'« espace Monde », qui sont deux états de la mondialisation en un moment donné de l'histoire, le second étant le produit géographique du premier. Enfin, j'abrège parfois « espace Monde » en « Monde » par souci d'allègement du texte.

comme produit du développement du capitalisme dans un rapport dialectique avec la consolidation de l'État.

3.1 Modernité et mondialisation

Dumont (1983, 1985) considère la modernité comme l'idéologie de l'individualisme et de l'économicisme. Ces traits, liés entre eux, distinguent progressivement la civilisation européenne « moderne », où ils apparaissent et se développent, de toutes les autres, passées ou contemporaines, qui sont par opposition qualifiées de « traditionnelles ». Cependant, de même que le capitalisme peut articuler secteurs socio-économiques traditionnels et modernes, la modernité est hybride : elle mêle l'ancien au nouveau et intègre des composants locaux à ses apports allochtones. Cela se traduit néanmoins par une certaine homogénéisation culturelle, car l'idéologie moderne c'est, partout, « le mouvement plus l'incertitude » (Balandier, 1985, 14), la nécessité du changement à tout prix, l'absence de limites à l'action humaine.

La modernité touche peu à peu toutes les sphères de la civilisation européenne puis occidentale, et elle contribue à construire le Monde en étendant cette civilisation. La modernité se propage en effet comme le capitalisme, elle émerge dans les centres – villes, régions ou États – de l'économie-monde européenne puis du système Monde, à partir d'où elle se diffuse sous forme de « modernisation » dans ses périphéries, de façon inégale dans le temps et dans l'espace (Balandier, 1985). Et cette homogénéisation globale est renforcée par l'injonction faite aux populations et sociétés de la Terre entière par les États contemporains : « la modernité est ce vers quoi il faut aller collectivement, la modernisation ce par quoi elle pourrait et devrait être atteinte – à tout prix » (Balandier 1985, 141).

La modernité justifie à la fois la transformation sans limites de la Terre comme l'expansion sur la Terre de la civilisation qui la porte. On conçoit que le capitalisme en soit le vecteur principal.

3.2 Capitalisme et mondialisation

En tant que système économique, le capitalisme peut être défini comme un ensemble de pratiques de production, de commerce et de financement répondant à une logique de rentabilité, de maximisation du profit privé et de croissance illimitées[13]. Mais « la pire des erreurs, c'est de soutenir que le capitalisme est « un système économique », sans plus » (Braudel, 1979, 540). Le capitalisme déborde en effet l'économie, car sa logique participe de l'idéologie moderne tandis que ses pratiques contribuent à produire une société et un espace conformes à cette logique. Le capitalisme est ainsi animé par une double dynamique d'imprégnation sociale (Polanyi, 1944) et d'expansion spatiale (Wallerstein, 2002). Débutant comme une forme spécifique d'économie de marché apparue dans une région particulière – l'Europe occidentale, et en un moment historique précis – la fin

---

13 « Le capitalisme est identique à la recherche du profit, d'un profit toujours renouvelé, dans une entreprise continue, rationnelle et capitaliste – il est recherche de rentabilité » (Weber, 1920 [1985, 11]).

du Moyen Âge, le capitalisme s'est ensuite étendu sur la Terre, a élargi son assise sociale et sa prise sur l'humanité, devenant ainsi le principal agent de la mondialisation.

Récente dans l'histoire de l'humanité, la mondialisation est en outre un processus d'accélération géohistorique. L'expansion du système capitaliste sur la Terre est en effet une « compression spatio-temporelle », parce que « le capitalisme est contraint à une accélération du temps de rotation, à l'augmentation de la vitesse de circulation du capital », de sorte qu'il est aussi « contraint d'éliminer toutes les barrières spatiales »[14] (Harvey, 1995, 246-247). Or, selon Rosa, « l'expérience fondamentale, constitutive de la modernité, est celle d'une gigantesque accélération du monde et de la vie » (2010, 53). D'où le rapport entre modernité, capitalisme et mondialisation : « ainsi s'expliquent les impératifs d'accélération de la modernité, qui se fixent pour objectif une augmentation de la vitesse des transports, de la communication, de la production et de l'organisation, ainsi que de celle de la circulation du capital » (Rosa, 2010, 68). Cette accélération touche toutes les dimensions d'une civilisation qu'elle transforme profondément, et elle explique le processus de compression spatio-temporelle qu'est la mondialisation.

4 De l'espace Monde à la mondialisation géographique

4.1 Un espace Monde réticulé

L'émergence, l'expansion et le fonctionnement du système Monde donnent lieu à une organisation de l'espace Monde dominée par les réseaux. Cette structure spatiale réticulée est constitutive de la mondialisation car en abaissant diverses barrières physiques et politiques, elle permet d'une part la compression spatio-temporelle nécessaire à l'accélération du temps de rotation du capital, et elle favorise d'autre part l'émancipation des capitalistes par rapport aux pouvoirs politiques. Ces réseaux de transport et de communication modifient la face de la Terre comme les relations que les sociétés humaines entretiennent entre elles et avec leurs environnements[15] : ils font de la mondialisation une « puissance géographique »[16].

---

14 Comme le dit Marx, « la circulation de l'argent comme capital possède son but en elle-même, car ce n'est que par ce mouvement toujours renouvelé que la valeur continue à se faire valoir. Le mouvement du capital n'a donc pas de limites » (1867 [1985, 119]).

15 Castells montre comment la « société en réseaux » contemporaine modifie profondément notre géographie : « le nouveau système de communication transforme radicalement l'espace et le temps, dimensions fondamentales de l'expérience humaine. Les lieux perdent la substance même de leur signification culturelle, historique et géographique, pour être intégrés dans des réseaux fonctionnels produisant un espace de flux qui se substitue à l'espace des lieux » (1998, 424).

16 C'est l'expression de Vidal de la Blache : « Ainsi agit, déjouant ou dépassant les prévisions, une puissance géographique dont rien ne permettait de mesurer les effets. De tous ces systèmes de communication se forme un réseau que l'on peut qualifier de mondial. Il embrasse, en effet, sinon la totalité du globe,

L'organisation en réseaux du Monde est liée à sa hiérarchisation — selon le modèle centres-périphéries-marges diffusé par les travaux de Wallerstein et de Braudel (*op. cit.*) — parce que toutes deux procèdent de la même logique capitaliste. Pour que le système Monde fonctionne, centres et périphéries de l'espace Monde doivent être reliés à toutes les échelles par ces réseaux qui assurent en particulier l'accumulation du capital dans les premiers par l'exploitation des secondes, et permettent aussi, à l'occasion, d'utiliser les ressources des marges. Dès lors, « la réduction du coût et du temps de mouvement dans l'espace a toujours concentré l'effort d'innovation technologique[17] » (Harvey, 1995, 247), puisque la géographie du Monde en dépend. Or celle-ci reflète les croissantes inégalités économiques, sociales et spatiales au sein du Monde, selon un « développement géographique inégal » inhérent au capitalisme (Harvey, 2006).

4.2 Différenciation spatiale et géodiversité

Bien des géographes affirment alors que la mondialisation, puisqu'elle accroît ces inégalités, « loin d'être une homogénéisation du monde, accentue un système de domination et de dépendances hiérarchiques » (Carroué, 2002, 7) ; ou encore que la mondialisation, « loin d'uniformiser le Monde, comme le craignent certains, a contribué à le différencier par spécialisation jusqu'à produire de très fortes inégalités » (Rétaillé, 2003, 634). De même, selon Murray, « l'un des mythes sur la mondialisation est l'idée selon laquelle celle-ci homogénéiserait le monde. C'est faux [...], car celui-ci est aujourd'hui plus inégal que jamais » (2006, 22). Lévy, enfin, ne mentionne pas les inégalités mais assure lui aussi que « la mondialisation produit à la fois de la convergence et de la différenciation, et non de l'uniformisation » (2008a, 15).

Dollfus, après avoir soutenu que « le vernis d'homogénéisation du monde n'est qu'un reflet des conditions et des modes d'existence du système » (1986, 225), admet ensuite que la mondialisation peut réduire la diversité du Monde : « on constate sans doute une « érosion linguistique », une « érosion génétique » pour les plantes cultivées, voire une « érosion politique » des formes d'encadrement des groupes » (1990, 280) ; ou encore, « la modernité associée au développement du système Monde provoque une érosion de la diversité des formes d'organisation familiale », et « la diversité des structures foncières et de ses modes de transmission s'érode aussi » (*op. cit.*, 361). Or, d'après Dollfus, tout cela « n'entraîne pas pour autant une plus grande homogénéité des situations » (*op. cit.*, 280). Mais c'est bien, au contraire, parce que ces multiples « érosions » ont lieu dans des régions aux situations fonctionnelles similaires dans l'espace Monde que

du moins une étendue assez grande pour que rien à peu près n'échappe à son étreinte » (1921 [1955, 261]).

17 Dollfus le dit aussi, autrement : « Les progrès pour réduire la rugosité des distances et ses coûts sont au cœur des facteurs qui ont permis la mondialisation » (1997, 62).

l'homogénéisation, loin de n'être qu'un « vernis », est bien au cœur de la mondialisation.

Pour qualifier les conséquences de la mondialisation sur l'espace, ces géographes emploient le terme de différenciation, jamais celui de diversification : à juste titre, car ils ne sont pas équivalents. Selon Brunet, « la différenciation des espaces apparaît par spécialisation ou par spéciation. La première implique une complémentarité entre les espaces, une division du travail. [...]. La spéciation définit l'autonomisation d'un système comme fruit et au prix d'un certain isolement » (1986, 301). Réservons la notion de différenciation spatiale au premier sens que lui donne Brunet, celui d'une spécialisation des espaces par la division du travail dans le système Monde. Cette différenciation ne produit qu'un nombre limité de types d'espaces – plantations tropicales, stations touristiques, réseaux autoroutiers, lotissements péri-urbains, centres d'affaires, etc. — reproduits dans diverses régions du Monde et qui se ressemblent tous au sein de leurs catégories respectives[18]. Et considérons la diversification spatiale comme résultat de la spéciation, selon l'acception de Brunet : elle engendre des géographies singulières. La spéciation spatiale permet ainsi à la géodiversité d'avoir lieu.

La notion de géodiversité exprime la variété des géographies régionales qui font de la Terre un habitat viable et diversifié pour les populations et sociétés humaines comme pour les autres êtres vivants (Grenier, 2008). Pendant la plus grande partie de son histoire, l'humanité a produit de la géodiversité, une immense variété de géographies témoignant des diverses façons humaines d'habiter la Terre. La géodiversité d'une région est d'autant plus élevée que celle-ci abrite des espèces endémiques ou très diverses, et qu'elle est habitée par une population à la géoculture singulière. Or, puisque ces régions à forte géodiversité sont, pour la plupart, relativement isolées sur la Terre, on en déduit que la géodiversité résulte souvent d'une « spéciation géographique »[19].

Parce qu'elle engendre des séries d'espaces semblables à l'intérieur d'un cadre défini par les nécessités du capitalisme et de l'État, la différenciation spatiale opérée par la mondialisation n'est pas une diversification du Monde. Au contraire, celui-ci est à la fois plus différencié (ou plus inégal) et moins divers. D'autant que la mondialisation n'est pas qu'un clonage d'espaces spécialisés et diffusés partout sur la Terre, elle détruit aussi les autres formes d'organisation spatiales. En effet, les espaces produits par spéciation — par exemple l'« archipel vertical » des peuples andins précolombiens (Murra, 1985) ou « l'espace réticulé » traditionnel

---

18 Les espaces les plus uniformes du Monde sont les « non-lieux » : « aussi bien les installations nécessaires à la circulation accélérée des personnes et des biens (voies rapides, échangeurs, aéroports) que les moyens de transport eux-mêmes ou les grands centres commerciaux » (Augé, 1992, 48). L'« espace des flux » produit des « non-lieux ».

19 Cette notion de biologie évolutive désigne la formation d'une nouvelle espèce par isolement écologique d'une population. L'île de Pâques est un exemple emblématique de spéciation géographique... en géographie, ou de formation de géodiversité : sa population provient de l'aire culturelle Est Polynésienne, dont elle a gardé certains traits géoculturels ; mais l'isolement pluriséculaire ayant suivi le peuplement de l'île a conduit les Rapanui à y produire une géographie singulière (Grenier, 2005 ; 2014).

des populations de Vanuatu (Bonnemaison, 1986) — disparaissent lorsqu'ils sont absorbés par le système Monde[20]. Homogénéisation des espaces et réduction de la diversité spatiale sont les conséquences de ce que j'appelle la mondialisation géographique.

4.3 Mondialisation et ouverture géographiques

La « mondialisation géographique » désigne la diffusion sur la Terre de géographies modernes au cours des différentes périodes historiques de formation de l'espace Monde. C'est la mondialisation géographique qui explique l'érosion de la diversité terrestre car, comme l'exprime Berque, « le système en question tend à imposer un espace indifférent à la diversité naturelle et culturelle de la Terre et, de ce fait, adverse à ce qui engendre cette diversité : le fonctionnement de la biosphère comme les identités collectives » (2004, 76).

Cette diminution de la géodiversité planétaire se fait d'abord à travers le processus d'« ouverture géographique », que je définis comme les profondes et rapides transformations écologiques et sociales de régions jusqu'alors isolées en raison de leur connexion au système Monde. Il y a « ouverture » parce que divers flux – d'humains, d'organismes, de produits, de capitaux, d'informations, etc. — entrent dans ou sortent de ces régions. Elle est qualifiée de « géographique » parce que ces flux circulent dans des réseaux reliant ces régions à l'espace Monde, et que ces flux et réseaux y produisent de nouveaux espaces, en modifient les environnements et changent la géoculture de leurs sociétés. Cette ouverture géographique n'est autre que l'« élimination de toutes les barrières spatiales » à laquelle procèdent le capitalisme dans le Monde et les États dans le cadre de leurs territoires. C'est pourquoi la mondialisation provoque l'érosion d'une géodiversité développée dans des régions en situation d'isolement écologique et géographique, à l'abri de ces « barrières »[21].

La mondialisation est une homogénéisation géographique car à travers l'ouverture des régions de la Terre, elle propage et impose un nombre limité d'espaces et d'environnements ainsi que la géoculture à vocation universelle qui les justifie. Cette homogénéisation géographique se développe au cours des différentes périodes de la mondialisation.

---

20 Ainsi, Murra signale-t-il que « l'archipel vertical » a été disloqué par « le régime colonial européen, les républiques du XIXᵉ siècle et par les réformes agraires contemporaines » (1985, 139). Et à Vanuatu, « un système spatial classique à centre et à périphéries a pris la place du système territorial aux mailles fluides de l'époque traditionnelle. La structure originelle de type réseau, qui évitait précisément à des phénomènes de marginalisation trop accentuée de se développer, n'a donc pu résister à l'impact du système économique moderne » (Bonnemaison, 1986, 491).

21 Le terme de « barrières » est utilisé tant par Darwin que par Lévi-Strauss pour expliquer les processus de diversification biologique ou culturelle par isolement écologique ou géographique.

5   Périodes de la mondialisation

La mondialisation est un processus géohistorique subdivisé en « périodes de l'espace » (Grataloup, 2003) ou *Zeitraum* (Osterhammel, 2017). À chacune de ces périodes correspond en effet une extension de l'espace Monde sur la Terre, par ouvertures géographiques et par diffusion de géographies modernes, qui se remplacent ou s'accumulent en ses lieux ou régions. Or « chacune de ces vagues et phases se sont achevées par des crises structurelles dans le capitalisme global » (Murray, 2006, 349) : les crises de modernité délimitent les périodes de la mondialisation.

Intenses, brèves et globales, les crises de modernité représentent le paroxysme du processus de « destruction créatrice » du capitalisme (Schumpeter, 1942). Ces crises ouvrent, dans les centres du système Monde, une transformation de l'économie par révolution technique, modification des facteurs de production et expansion spatiale, transformation qui s'accompagne de bouleversements sociaux et géographiques ainsi que de la réorganisation du pouvoir politique et du développement de l'idéologie moderne. Ces crises systémiques de quelques décennies s'apparentent à ce que Braudel appelle les « grandes ruptures » de l'histoire : elles permettent au capitalisme de maintenir sa dynamique et à la modernité de se renouveler. Entre ces « grandes ruptures » s'étendent des phases de modernisation dans la « longue durée » braudélienne, pendant lesquelles découvertes et innovations surgies lors de la crise de modernité précédente se diffusent de façon inégale dans les sociétés et espaces du système Monde. Au cours de l'histoire, ces crises sont plus rapprochées dans le temps — c'est l'accélération de la modernité, et elles concernent un nombre croissant de sociétés modernisées et d'espaces mondialisés, selon leur niveau d'inclusion dans le système Monde. Je distingue quatre crises de modernité et autant de périodes de mondialisation géographique.

5.1   Le monde européen (xve-xviiie siècles)

La crise des « Temps modernes », à la charnière des xve et xvie siècles, est la seule à être postérieure aux débuts d'une période de mondialisation géographique, la première, qui s'étend du xve siècle à la fin du xviiie siècle et que j'appelle le « Monde Européen ». Selon Livingstone, les « Grandes Découvertes » des navigateurs européens du xve siècle seraient en effet l'une des causes de cette première crise de modernité car, en donnant « une importance fondamentale à l'expérience du monde réel » (1992, 33), elles stimulent l'émergence des sciences modernes en Occident et, plus largement, le développement d'une nouvelle « vision du Monde » comme des moyens de le conquérir. Deux dates possibles pour inaugurer cette première période, selon que l'on insiste sur la primauté historique ou sur l'échelle de l'ouverture géographique et de la perte de géodiversité qu'elle entraîne.

L'année 1402 marque le début de la conquête des Canaries par les Espagnols, « une date que nous devons prendre comme l'année de naissance de l'impérialisme européen moderne », selon Crosby (1986, 84). Elle signifie le commencement de la fin pour le peuple Guanche, qui vivait jusqu'alors en de multiples isolats dans l'archipel : victime de l'ouverture géographique des Canaries, il est anéanti en un siècle. Et dès le début du XVIᵉ siècle, les Canaries deviennent un relais majeur dans les réseaux reliant l'Espagne à l'Amérique, et un laboratoire de la première mondialisation géographique, où sont expérimentés des modèles urbains et agraires transplantés ensuite dans les colonies ibériques (Morales Matos et Santana, 2005).

La seconde date est 1492, début d'un processus de connexion transocéanique qui déclenche la plus importante ouverture géographique de l'histoire, dont l'une des conséquences est « la plus grande révolution biologique dans les Amériques depuis la fin du pléistocène » (Crosby, 2003, 66). Dans une Amérique jusqu'alors isolée sur la Terre, la conquête ibérique provoque la destruction des empires-monde aztèque et inca, l'effondrement de la population indigène par « choc microbien », et la désorganisation consécutive des sociétés « amérindiennes ». Passé les bouleversements de la Conquête, l'ouverture géographique du « Nouveau Monde » devient structurelle, car toutes sortes de flux reliant les colonies ibériques à l'Europe occidentale, à l'Afrique atlantique et à l'Asie orientale transforment l'Amérique en périphérie essentielle d'une économie-monde européenne désormais au centre du système Monde en formation.

L'Amérique est façonnée par la première mondialisation géographique. L'importation de plantes agricoles et d'animaux domestiques du « Vieux Monde » (certaines introductions évoluent en invasions biologiques), et la destruction d'habitats naturels sur de grandes superficies pour faire place aux plantations ou à l'élevage produisent de nouveaux environnements. D'un bout à l'autre de l'Amérique coloniale l'on retrouve les mêmes espaces : sur les littoraux tropicaux, des plantations, notamment sucrières, où travaillent des esclaves importés d'Afrique ; en altitude et dans les régions tempérées, des *latifundia* consacrées à l'élevage ou aux cultures européennes ; partout, des mines, et des villes à l'architecture similaire, conçues selon un même plan d'urbanisme. Enfin, la géoculture moderne se diffuse dans les colonies européennes, où elle se mêle à celles des peuples indigènes (Chaunu, 1964 ; Wachtel, 1971 ; Sanchez Albornoz, 1977 ; Crosby, 1986, 2003 ; Calvo, 1994 ; Gruzinski, 2004 ; De Blas *et al.*, 2011).

Malgré quelques nouveautés dans les techniques de navigation, décisives pour lancer la mondialisation, les moyens de transport sont restés les mêmes, durant cette première période, que ceux utilisés depuis des millénaires. La formation des empires ibériques sur d'immenses aires du continent américain a été rendue possible par les différences biologiques, techniques et culturelles entre conquérants et populations locales. Mais en Asie ces différences n'existent pas, et les proies sont trop grosses. Les empires coloniaux européens y ont la forme de réseaux de comptoirs littoraux et insulaires greffés sur les économie-mondes asiatiques, et la mondialisation géographique est donc limitée. En Afrique cependant, les effets d'une ouverture géographique à partir de synapses littoraux du système Monde peuvent se faire sentir loin à l'intérieur des régions soumises aux traites négrières (Pétré-Grenouilleau, 2004).

Dès cette première phase de mondialisation, des îles océaniques subissent des ouvertures géographiques qui les transforment d'autant plus profondément qu'elles étaient jusqu'alors isolées et parfois inhabitées, provoquant la disparition de populations autochtones, comme aux Canaries, ou l'extinction d'espèces endémiques, comme aux Mascareignes. Certaines de ces îles servent de terrain d'expérimentation géographique : le binôme plantation de cannes à sucre/esclavage africain est mis au point dans les îles de Macaronésie et du Golfe de Guinée avant d'être transplanté en Amérique, et les premières politiques de conservation de la nature sont mises en œuvre aux Mascareignes avant d'essaimer dans d'autres régions de l'empire britannique (Grove, 1995). C'est aussi dans un archipel océanique que se clôt cette première période de mondialisation géographique : en 1779, à la mort de Cook aux Hawaï, la configuration de la Terre est connue des Européens.

5.2 Le monde occidental (fin XVIIIe/fin XIXe siècle)

La seconde crise de modernité, au tournant des XVIIIe et XIXe siècles, marque la fin de l'Ancien Régime, les débuts de la Révolution Industrielle et une réorganisation majeure du capitalisme. C'est à la fois l'entrée de la planète dans l'Anthropocène (Steffen *et al.*, 2007) et l'avènement d'un « Monde nouveau » à la modernité conquérante, illustrée par des expositions « universelles » dont la première a lieu en 1851 à Londres. La seconde période de la mondialisation, qui couvre un long XIXe siècle, est le « monde occidental », dont le début symbolique peut être la déclaration d'indépendance des États-Unis en 1776.

La réplique sur tout le continent américain indépendant du modèle révolutionnaire français de l'État à territoire national initie la diffusion mondiale d'une forme uniformisatrice de production et de contrôle étatique de l'espace, et elle marque ainsi les débuts politiques de l'Occident. Monde occidental, aussi, parce que si le centre du système Monde reste l'Europe du Nord-Ouest et plus particulièrement le Royaume-Uni, ses périphéries les plus développées sont les « Nouvelles Europes » (Crosby, 1986), des États pour la plupart issus des colonies de la première mondialisation et dans lesquels les Européens migrent massivement au cours du XIXe siècle : les États-Unis, le Canada, l'Australie, la Nouvelle-Zélande et les pays du cône sud de l'Amérique latine. Monde occidental enfin, parce que cette période voit la montée en puissance économique des États-Unis, qui font jeu égal avec le Royaume-Uni à la fin du XIXe siècle, tandis que la modernisation rapide et autonome du Japon à partir de l'ère Meiji l'inclut dans un Occident qui se définit, par sa modernité, comme « la » civilisation.

Rappelons aussi « le rôle moteur de l'expansion coloniale dans l'accélération du processus de mondialisation à partir du milieu du XIXe siècle » (Singaravélou, 2013, 27), qui mène quelques pays européens, auxquels se joignent les États-Unis, la Russie et le Japon, à accroître ou à constituer des empires couvrant l'essentiel de l'Afrique, de l'Asie et de l'Océanie, tandis que les États américains construisent leurs territoires nationaux par la conquête des régions marginales du continent. Les États des Nouvelles Europes le font à travers une immigration européenne en partie destinée à peupler des espaces conquis militairement, ceux des « mini-systèmes[22] » ayant jusqu'alors échappé à l'emprise des empires coloniaux et dont les habitants sont exterminés ou parqués. Cela permet de consacrer d'immenses espaces à l'élevage et à l'agriculture – en grande partie d'exportation – qui, avec l'urbanisme moderne se propageant des métropoles centres de l'espace Monde vers les villes des périphéries impériales ou néo-coloniales, sont autant d'exemples de la mondialisation géographique de cette deuxième période (Blais, 2013).

Ce sont les progrès des transports issus de la seconde modernité qui, avec les perfectionnements apportés aux anciens, permettent le fonctionnement d'un espace Monde désormais à l'échelle de la Terre : aux *clippers* et diligences s'ajoutent puis se substituent bateaux à vapeur, chemins de fer, câbles sous-marins et lignes télégraphiques, qui traversent océans ou continents. L'amplitude de l'ouverture géographique est donc très grande durant cette seconde période de la mondialisation : partout sur la Terre, les régions encore isolées sont intégrées au système Monde par l'exploitation de leurs ressources et leur colonisation. Cela se traduit par des destructions écologiques et socio-culturelles considérables, en particulier dans les « Nouvelles Europes » et les îles océaniques.

Cette rapide érosion de la géodiversité planétaire s'accompagne en Occident de l'apparition de sciences naturelles et humaines — biologie darwinienne, écologie, paléontologie, anthropologie, géographie... – travaillant à la compréhension de la diversité terrestre passée ou présente, et par la multiplication d'institutions chargées de la recenser et d'en stocker des spécimens – musées, jardins botaniques et zoologiques. Le monde occidental voit aussi l'affirmation d'une nouvelle relation à l'environnement à travers le mouvement conservationniste et l'émergence du tourisme, qui donnent lieu à des espaces spécialisés (et donc similaires) dans diverses régions du Monde. Enfin, c'est durant cette période de mondialisation que se diffuse partout dans le Monde une géoculture moderne, qui favorise en retour l'ouverture des sociétés périphériques et de leurs espaces (Bayly, 2006 ; Osterhammel, 2017). Une date symbolique pour clôturer cette seconde période de mondialisation géographique : en 1884, lorsque la conférence de Washington institue les fuseaux horaires, le temps du Monde est désormais unifié à l'échelle du globe.

5.3 Le monde international (fin XIXᵉ siècle-fin XXᵉ siècle)

La troisième crise de modernité se situe entre la fin du XIXᵉ siècle et le début du XXᵉ siècle, et elle ébranle toutes les sphères de la civilisation occidentale, dont

---

22 Wallerstein (2006) nomme ainsi les sociétés qui fonctionnent largement en autosubsistance, occupent de petites aires et ont peu de contacts extérieurs. Dollfus les appelle les « grains », « des sociétés, des groupes, qui ont leur autonomie de fonctionnement et ne rassemblent qu'une population limitée » (1990, 293).

s'accélère alors la fusion avec un capitalisme[23] entrant dans une ère de masse et de puissance industrielles qui unifie le Monde. La période de mondialisation qu'elle inaugure est celle du « Monde international », qui va de la fin du XIXᵉ siècle aux années 1970 et dont la date de début pourrait être le Congrès de Berlin en 1885.

Après la « belle époque » de la « première globalisation financière », 1914 inaugure une phase de contraction des échanges économiques mondiaux qui s'étend jusqu'en 1945. Celle-ci, qui voit l'apogée des empires coloniaux, des régimes totalitaires aux géopolitiques planétaires et des guerres totales qui sont aussi mondiales, représente une intensification du processus de mondialisation, et non une « antimondialisation ». Les guerres « mondiales » accélèrent en effet la mondialisation géographique (Aglan et Frank 2015 ; Compagnon et Purseigle, 2016), à la fois pendant et après les conflits, entre autres par la construction d'infrastructures de transport qui ouvrent au monde des régions jusqu'alors isolées : route panaméricaine, chemin de fer birman, ports et aéroports dans diverses îles du Pacifique, etc. Après 1945, le monde se fragmente en une multitude d'États « nationaux » issus de la décolonisation et se dote d'une Organisation des Nations Unies pour le réguler : il est « international ». États et organisations internationales diffusent la modernité, sous le nom de « développement », jusque dans les régions les plus isolées de la Terre (Rist, 1996).

Au cours de cette période, la planète entre dans la seconde phase de l'Anthropocène, caractérisée par la « grande accélération » des pressions anthropiques sur la biosphère (Steffen *et al.*, 2007). Les réseaux de transport et de communication fondés sur les innovations énergétiques et techniques (pétrole, électricité, automobile, avion, radio…) de la troisième modernité et certaines de la précédente (charbon, chemin de fer…) s'étendent partout sur la Terre. Toutes les régions terrestres sont appropriées par les États, et parcourues, peuplées ou exploitées par divers acteurs, parfois très lointains. Ces réseaux, au sein duquel circulent des flux croissants de toute nature, assurent le fonctionnement des États, des entreprises transnationales comme des organisations internationales. Ils permettent aussi la diffusion partout dans le Monde d'éléments culturels modernes (linguistiques, alimentaires, vestimentaires, musicaux, sportifs, etc.), de normes internationales et d'idées-valeurs « universelles » qui forment une ébauche de civilisation mondiale. Celle-ci se caractérise d'abord par une géoculture, celle de la société de consommation des pays-centre du système Monde, à laquelle aspire le reste de l'humanité.

C'est pourquoi, quels que soient les régimes et idéologies politiques, « la priorité absolue donnée à la croissance économique [fait de celle-ci] sans conteste l'idée la plus importante du XXᵉ siècle pour l'histoire environnementale » (McNeil, 2000, 336). La mondialisation géographique s'accélère ainsi par la reproduction

---

23 Weber, contemporain de cette troisième crise de modernité, décrit « l'encastrement » de la civilisation occidentale dans le capitalisme : « chacun trouve aujourd'hui en naissant l'économie capitaliste établie comme un immense cosmos, un habitacle dans lequel il doit vivre et auquel il ne peut rien changer » (1923 [1991, 51]).

sur la Terre d'espaces fonctionnels du système Monde qui sont partout organisés de la même façon, par des environnements semblables et par une géoculture moderne aux prétentions universelles.

5.4 Le « monde global » (depuis les années 1970)

La crise de modernité actuelle, qui débute dans les années 1970, se définit par sa globalité. Elle est à la fois généralisée dans une civilisation devenue largement mondiale, et ses effets touchent la Terre entière, l'ensemble du Monde et du globe : j'appelle « monde global » la période contemporaine de la mondialisation géographique. Deux dates pour ses débuts : 1969, avec le système Arpanet (ancêtre du World Wide Web) et la vision du globe terrestre vu de la lune ; et 1971, lorsque la fin de la convertibilité du dollar en or porte un premier coup à la régulation financière internationale et ouvre la voie à un capitalisme « global » au sens que les économistes donnent à ce terme (Boyer, 2000 ; Adda, 2001 ; Michalet, 2004 ; Bost *et al.*, 2006).

Le Monde Global fonctionne comme un système Terre de plus en plus intégré, en articulant le Monde au globe. Ce sont les environnementalistes qui, les premiers, adoptent le terme de globalisation pour décrire les effets désastreux sur la biosphère des croissances démographique et économique ou, plus précisément, des géographies contemporaines. Des années 1970 à aujourd'hui, la population du Monde est passée de quatre à sept milliards et demi d'habitants, toutes les productions, circulations, consommations et pollutions ont augmenté vertigineusement, et les écosystèmes de la Terre, partout et à toutes les échelles, se sont dégradés en conséquence. De plus, à ces destructions environnementales classiques (pollutions massives de l'atmosphère, des sols, des eaux continentales et marines ; pertes d'habitats terrestres et marins ; érosion rapide de biodiversité ; épuisement des ressources naturelles ; invasions biologiques, etc.), la période actuelle ajoute de nouvelles menaces. Celles-ci sont dues à la diffusion, au sein de l'espace fini qu'est la Terre, d'éléments microscopiques issus des technosciences — gènes des organismes génétiquement modifiés, particules des nanotechnologies, radiations nucléaires, gaz à effet de serre, etc. – qui peuvent rendre littéralement inhabitables à l'humanité et à bien d'autres espèces des régions entières, voire bouleverser la biosphère dans sa totalité.

La « mondialisation globale » est donc à la fois un filet jeté sur le Monde et une nappe couvrant le globe : la Terre est entièrement striée de réseaux transnationaux, maillée de territoires étatiques et enveloppée dans des phénomènes écologiques d'origine anthropique. L'idée d'une humanité devenue agent écologique global ne s'est vraiment répandue que depuis une quinzaine d'années, notamment avec les notions de « sixième crise » d'extinction massive de diversité biologique et d'« Anthropocène ». Elle s'accompagne de la prise de conscience qu'il existe des limites planétaires : après avoir été lancée par le rapport Meadows (1972), cette deuxième idée est l'objet d'un renouveau d'attention, là aussi depuis une quinzaine d'années (Wackernagel et Rees, 1999 ; Rockström *et al.*, 2009). Mais le monde global transforme aussi l'écoumène, la relation de l'humanité à une Terre affectée par les géographies de secteurs croissants de la population mondiale. Sur ce plan, l'urbanisation galopante, l'importance du virtuel, l'accélération généralisée de l'époque actuelle sont autant de causes de l'élargissement de la fracture entre l'humanité et la nature terrestre, au sens le plus général du terme : les plantes, les animaux, le silence, l'obscurité de la nuit...

6   Conclusion : la Terre et la mondialisation géographique

Le « monde global » conduit ainsi à s'intéresser à la Terre comme écoumène homogénéisé et menacé par la mondialisation géographique. Or cet intérêt est ancien en géographie. Pour Ritter (1852), la Terre est la « demeure » de l'humanité, et le « particulier » se comprend en rapport avec le « Tout ». Par ailleurs, d'autres géographes de la même époque, conscients des destructions causées par les actions anthropiques, se préoccupent de leurs conséquences à l'échelle d'une planète qu'ils considèrent comme l'habitat de l'humanité (Marsh, 1864 ; Reclus, 1905). Si Vidal de la Blache ignore ces préoccupations environnementalistes, il est influencé par Ritter : « l'idée qui plane sur tous les progrès de la géographie est celle de l'unité terrestre. La conception de la Terre comme un tout dont les parties sont coordonnées, où les phénomènes s'enchaînent et obéissent à des lois générales dont dérivent les cas particuliers » (Vidal de la Blache, 1921, 5). Considérer la Terre comme un tout permet d'en comprendre la diversité – en particulier à travers l'analyse régionale – et d'en saisir l'unité, parce qu'il existe des « lois générales » régissant les géographies physique et humaine, et qu'« aujourd'hui, toutes les parties de la Terre entrent en rapport » (*op. cit.*, 12).

Bien avant que les géographes actuels n'utilisent les notions de biosphère, d'écoumène ou de système Monde, celles-ci avaient été pensées par certains de leurs précurseurs. Dans la période intermédiaire, toutefois, la Terre a été largement ignorée, comme objet scientifique ou échelle d'analyse, par les géographes français. À l'exception de Dardel (1952), qui définit la Terre comme le cadre de l'existence humaine et attribue à la géographie la tâche de comprendre les liens unissant les hommes à leur demeure terrestre : « puisque la Terre est la mère de tout ce qui vit, de tout ce qui est, un lien de parenté unit l'homme à tout ce qui l'entoure, aux arbres, aux animaux, aux pierres mêmes. La montagne, la vallée, la forêt, ne sont pas simplement un cadre, un « extérieur », même familier. Elles sont l'homme lui-même » (1990, 66). Cette conception de la géographie se rapproche de l'éthique de la Terre écocentrée élaborée à la même époque par le conservationniste Leopold[24].

---

24   « La *land ethic* élargit simplement les frontières de la communauté pour y inclure les sols, les eaux, les plantes et les animaux ou, collectivement : la Terre. [...]. En résumé la *Land Ethic* change le rôle d'*Homo Sapiens* de conquérant de la communauté terrestre en membre à part entière et citoyen de celle-ci » (Leopold, 1949 [1970, 239-240]).

Parmi des géographes contemporains encore peu intéressés par la Terre[25], Berque fait lui aussi figure d'exception. Il l'appréhende à partir de la notion d'écoumène, c'est-à-dire « la Terre en tant qu'elle est habitée par l'humanité, et c'est aussi l'humanité en tant qu'elle habite la Terre. [...] d'où notre définition : l'écoumène, c'est la relation de l'humanité à l'étendue terrestre » (Berque, 1996, 71). Envisager la planète du point de vue humain nous engage, car « notre responsabilité essentielle, c'est d'assurer que la Terre soit toujours écoumène : une demeure qui nous motive à la trouver, toujours, belle et bonne à vivre » (*op. cit.*, 114-115). On peut qualifier cette conception d'« écocentrisme géographique[26] », selon lequel la qualité de la vie des populations humaines sur la Terre dépend des liens qu'elles tissent avec celle-ci, de la place qu'elles y occupent et des empreintes qu'elles y laissent.

Penser géographiquement la Terre, c'est l'appréhender dans son unité — le globe, l'écoumène, le Monde – et sa diversité – les écosystèmes, milieux et espaces qui en constituent la trame régionale. La Terre a des limites, celles de la biosphère pour les êtres vivants, celles du Monde pour les sociétés humaines, et celles du nombre d'écorégions ou de régions géographiques qui la forment. Pour contribuer aux débats contemporains sur la mondialisation et la « crise environnementale globale », la science géographique doit s'attacher à montrer l'importance de ces limites comme la valeur de la diversité terrestre pour l'humanité. Il est urgent de faire la géographie de notre temps, celui de la superposition du Monde et du globe ou, pour le dire autrement, celui d'un écoumène aux dimensions de la Terre. Cette unité de l'humanité et de la Terre résulte de la formation puis du fonctionnement actuel du système Monde. Or celui-ci érode aujourd'hui rapidement la diversité terrestre par la mondialisation géographique et par l'émergence consécutive de processus écologiques d'échelle planétaire : le « Monde global » et l'accélération de l'Anthropocène sont les nouveautés radicales de notre époque, à penser ensemble.

Institut de géographie et d'aménagement régional de l'Université de Nantes (IGARUN), UMR CNRS 6554
LETG Nantes Géolittomer
Rue de la Censive du Tertre
BP 81227
44312 Nantes cedex 3
christophe.grenier@univ-nantes.fr

---

25 Certains manuels universitaires définissent même le progrès de la discipline par l'abandon de la Terre comme référent scientifique (Scheibling, 1994 ; Bavoux, 2002).

26 On note en effet un rapport entre les pensées de Berque et de Leopold : « Ce que veulent dire au fond ces métaphores de la *land ethic* [...], c'est le besoin où nous sommes de refonder les valeurs humaines dans leur unité cosmologique avec la nature, en retrouvant les liens que la modernité avait coupés » (Berque, 2010).

Bibliographie

Adda, J. (2001), *La Mondialisation de l'économie*, Paris, La Découverte, t. I Genèse, 125 p., t. II Problèmes, 126 p.

Aglan, A. et Frank, R. (2015), « Introduction. La seconde guerre mondiale telle qu'en elle-même les historiens la changent » (1937-1945), in *La guerre-monde*, Aglan, A. et Frank, R. (dir.), Paris, Gallimard, p. 11-21.

Augé, M. (1992), *Non-lieux. Introduction à une anthropologie de la surmodernité*, Paris, Le Seuil, 153 p.

Balandier, G. (1985), *Le détour. Pouvoir et modernité*, Paris, Fayard, 269 p.

Bavoux J.-J., 2002, *La géographie. Objet, méthodes, débats*, Paris, Armand Colin, 240 p.

Bayly, C.A., (2006), *La naissance du monde moderne (1780-1914)*, Paris, Les éditions de l'Atelier/Le Monde diplomatique, 606 p.

Berque, A. (1996), *Être humains sur la terre. Principes d'éthique de l'écoumène*, Paris, Gallimard-Le Débat, 212 p.

Berque, A. (2004), La mondialisation a-t-elle une base ?, in *Les territoires de la mondialisation*, Mercier G. (dir.), Québec, Presses de l'Université de Laval, p. 73-91.

Berque, A. (2010), « Des fondements ontologiques de la crise, et de l'être qui pourrait la dépasser », *VertigO — la revue électronique en sciences de l'environnement* [En ligne], vol. X, Numéro 1.

Blais, H. (2013), « Reconfigurations territoriales et histoires urbaines », *in* Singaravélou, P. (dir.), *Les empires coloniaux. XIXe-XXe siècle*, Paris, Éditions Point, p. 169-214.

Bonnemaison, J. (1986), *L'arbre et la pirogue. Les fondements d'une identité. Territoire, histoire et société dans l'archipel de Vanuatu (Mélanésie)*, Livre I, Paris, Orstom, 540 p.

Boquet, Y. (2018), *La mondialisation. Un monde organisé en systèmes*, Dijon, Éditions Universitaires de Dijon, 135 p.

Bost, F., Daviet, S. et Fache, J. (2006), « Globalisation-mondialisation-régionalisation : la géographie économique en première ligne », *Historiens et Géographes n° 395*, p. 155-174.

Boyer, R. (2000), « Les mots et les réalités », *in* Cordellier S. (dir.), *La mondialisation au-delà des mythes*, Paris, La Découverte, p. 13-56.

Braudel, F. (1979), *Civilisation matérielle, économie et capitalisme, XVe-XVIIIe siècles*, t. 3, *Le temps du Monde*, Paris, Armand Colin, 607 p.

Braudel, F. (1985), *La dynamique du capitalisme*, Paris, Champs Flammarion, 121 p.

Brunet, R. (1986), « L'espace, règles du jeu », *in* Auriac F. et Brunet R. (dir.), *Espaces, jeux et enjeux*, Paris, Fayard, p. 297-316.

Calvo, T. (1994), *L'Amérique ibérique de 1570 à 1910*, Paris, Nathan, 359 p.

Carroué, L. (2002), *Géographie de la mondialisation*, Paris, Armand Colin, 256 p.

Carroué, L. (2006), « Globalisation, mondialisation : clarification des concepts et emboîtements d'échelles », *Historiens et Géographes n° 395*, p. 83-87.

Carroué, L. (2018), *Atlas de la mondialisation. Une seule terre, des mondes*, Paris, Autrement, 95 p.

Castells, M. (1998), *La société en réseaux*, Paris, Fayard, 613 p.

Chaunu, P. (1964), *L'Amérique et les Amériques de la Préhistoire à nos jours*, Paris, Armand Colin, 470 p.

Compagnon O. et Purseigle P. (2016), « Géographies de la mobilisation et territoires de la belligérance durant la Première Guerre mondiale », *Annales. Histoire, Sciences Sociales 2016/1 (71e année)*, p. 37-64.

Crosby, A. (1986), *Ecological Imperialism. The Biological Expansion of Europe, 900-1900*, New York, Cambridge University Press, 368 p.

Crosby, A. (2003), *The Columbian Exchange. Biological and Cultural Consequences of 1492*, Praeger, Westport CT, 283 p.

Dagorn, R.-E. (2008), « Mondialisation, un mot qui change les mondes », *in* Lévy J. (dir.), *L'invention du Monde. Une géographie de la mondialisation*, Paris, Les Presses de Science Po, p. 63-78.

Dardel, E. (1952), *L'homme et la terre*, Paris, CTHS (1990), 200 p.

De Blas, P., de la Puente, J., Serviá, M., Roca, M. et Rivas, R. (2011), *La empresa de América*, Madrid, Edaf, 310 p.

Dollfus, O. (1986), « L'espace mondial tel qu'il est : deux ou trois choses que je sais de lui », *in* Auriac F. et Brunet R. (dir), *Espaces, jeux et enjeux*, Paris, Fayard, p. 225-235.

Dollfus, O. (1990), « Le Système Monde », *in* Brunet R. et Dollfus O. (dir), *Mondes nouveaux*, Paris, Hachette, p. 273-529.

Dollfus, O. (1994), *L'espace Monde*, Paris, Economica, 111 p.

Dollfus, O. (1997), *La mondialisation*, Paris, Presses de Sciences Po, 163 p.

Dollfus, O., Grataloup, C. et Lévy, J. (1999), « Trois ou quatre choses que la mondialisation dit à la géographie », *L'Espace Géographique 28, n° 1*, p. 1-11.

Dumont, L. (1983), *Essais sur l'individualisme. Une perspective anthropologique sur l'idéologie moderne*, Paris, Le Seuil, 272 p.

Dumont, L., (1985), *Homo Æqualis. Genèse et épanouissement de l'idéologie économique*, Paris, Gallimard, 271 p.

Grataloup, C. (2003), « Les périodes de l'espace », *Espaces Temps 82-83*, p. 80-86.

Grataloup, C. (2007), *Géohistoire de la mondialisation. Le temps long du Monde,* Paris, Armand Colin, 256 p.

Grataloup, C. (2008), « La mondialisation dans une perspective géohistorique », *Bulletin de l'Association de Géographes Français 85-3*, p. 307-324.

Grenier, C. (2005), « La patrimonialisation comme mode d'adaptation géographique. Galapagos et île de Pâques », *in* Cormier-Salem, M.-C., Juhé-Beaulaton, D., Boutrais, J. et Roussel, B. (dir.), *Patrimoines naturels aux suds, Territoires, identités et stratégies locales*, Paris, IRD Éditions, p. 475-513.

Grenier, C. (2008), « La gestion de parcs nationaux mondialisés dans des régions à forte géodiversité. Corcovado (Costa Rica), Galapagos (Equateur), Rapa Nui (Chili) », *in* Héritier S. et Laslaz L. (dir.), *Les parcs nationaux dans le monde*, Paris, Ellipses, p. 123-142.

Grenier, C. (2014), *Géodiversité et mondialisation. Les fondements géographiques de la diversité terrestre et de son érosion*. Volume scientifique de l'Habilitation à Diriger des Recherches, Université de La Rochelle, 284 p.

Grove, R. (1995), *Green Imperialism. Colonial expansion, tropical island Edens and the origins of environmentalism, 1600-1860*. Cambridge, Cambridge University Press, 540 p.

Gruzinski, S. (2004), *Les quatre parties du monde. Histoire d'une mondialisation*, Paris, Éditions de la Martinière, 479 p.

Harvey, D. (1995), « La mondialisation en question », *in Géographie et capital*, Paris, Syllepses (2010), p. 239-256.

Harvey, D. (2006), « Notes pour une théorie du développement géographique inégal », *in Géographie et capital*, Paris, Syllepses (2010), p. 195-238.

Lefort, I. (2008), « Deux méta-discours et leurs usages géographiques : mondialisation et développement durable », *Bulletin de l'Association des Géographes Français*, 2008-3, p. 361-369.

Leopold, A. (1949), *A Sand County Almanac*, New York, Ballantines Books, (1970), 295 p.

Lévy, J. (2003), « Mondialisation », *in* Lévy J. et Lussault M. (dir.), *Dictionnaire de la géographie et de l'espace des sociétés*, Paris, Belin, p. 637-642.

Lévy, J. (2007), « La mondialisation : un évènement géographique », *L'information géographique, vol. 71*, p. 6-31.

Lévy, J. (2008 a), « Introduction. Un évènement géographique », *in* Lévy, J. (dir.), *L'invention du Monde. Une géographie de la mondialisation*, Paris, Les Presses de Science Po, p. 11-21.

Lévy, J. (2008 b), « Entrer dans le Monde par l'espace », *in* Lévy J. (dir.), *L'invention du Monde. Une géographie de la mondialisation*, Paris, Presses de Science Po, p. 41-61.

Livingstone, D. (1992), *The Geographical Tradition*, Londres, 434 p.

Mann, C. (2007), *1491. Nouvelles révélations sur les Amériques avant Christophe Colomb*, Paris, Albin Michel, 471 p.

Marsh, G.P. (1864), *Man and Nature*, University of Washington Press, Seattle (2003), 512 p.

Marx, K. (1867), *Le Capital, Livre I*, Paris, Champs Flammarion (1985), 442 p.

Marx, K. et Engels, F. (1848), *Manifeste du parti communiste*, Paris, GF Flammarion (1998), 206 p.

McNeil, J.R. (2000), *Something New Under the Sun. An Environmental History of The Twenthieth-Century World*, New York, Norton & Company, 421 p.

Meadows, D.H., Meadows, D.L., Randers, J., Behrens, W. (1972), *The Limits to Growth*, Londres, Pan Books Ltd, 205 p.

Michalet, C.-A. (2004), *Qu'est-ce que la mondialisation ?*, Paris, La Découverte, 212 p.

Morales Matos, G. et Santana, A. (2005), *Islas Canarias. Territorio y sociedad*. Las Palmas, Anroart Ediciones, 407 p.

Murra, J. (1985), « El « archipiélago vertical » », *inEl mundo andino. Población, medio ambiente y economía*, Lima, Instituto de Estudios Peruanos (2002), 132-139.

Murray, W.E. (2006), *Geographies of globalization*, Londres, Routledge, 392 p.

Norel, P. (2004), *L'invention du marché. Une histoire économique de la mondialisation*, Paris, Le Seuil, 588 p.

Oppenheimer, S. (2003), *Out of Africa's Eden. The Peopling of the World*, Cape Town, Jonathan Ball Publishers, 440 p.

Osterhammel, J. (2017), *La transformation du monde. Une histoire globale du XIXe siècle*, Paris, Nouveau Monde Éditions, 1483 p.

Pétré-Grenouilleau, O. (2004), *Les traites négrières. Essai d'histoire globale*, Paris, Gallimard, 468 p.

Polanyi, K. (1944), *La Grande Transformation. Aux origines politiques et économiques de notre temps*, Paris, Gallimard (1983), 419 p.

Reclus, E. (1905), *L'Homme et la Terre, Introduction et choix de textes* par B. Giblin, Paris, La Découverte (1998), 400 p.

Rétaillé, D. (2003), « Monde », *in* Lévy J. et Lussault M. (dir.), *Dictionnaire de la géographie et de l'espace des sociétés*, Paris, Belin, p. 634-635.

Rist, G. (1996), *Le développement. Histoire d'une croyance occidentale*, Paris, Presses de Sciences Po, 427 p.

Ritter C., (1852), *Introduction à la géographie générale comparée. Essais sur les fondements d'une géographie scientifique*, Paris, Les Belles Lettres, Annales littéraires de l'Université de Besançon (1974), 255 p.

Rockström, J. *et 19 al.* (2009), « Planetary boundaries : exploring the safe operating space for humanity », *Ecology and Society*, www.ecologyandsociety.org/vol14/iss2.

Rosa, H. (2010), *Accélération. Une critique sociale du temps*, Paris, La Découverte, 475 p.

Sánchez Albornoz, N. (1977), *La población de América latina. Desde los tiempos precolombinos al año 2000*, Madrid, Alianza Editorial, 321 p.

Sauer, C. (1925), « The Morphology of Landscape », *in* Leighly J. (ed), *Land and Life, a selection of the writings of Carl Sauer*, Berkeley, University of California Press (1969), p. 315-350.

Scheibling, J. (1994), *Qu'est-ce que la géographie ?* Paris, Hachette, 199 p.

Schumpeter, J. (1942), *Capitalisme, socialisme et démocratie*, Paris, Payot (1979), 417 p.

Singaravélou, P. (2013), « Introduction », *in* Singaravélou, P. (dir.), *Les empires coloniaux. xixe-xxe siècle*, Paris, Éditions Point, p. 9-35.

Steffen, W., Crutzen, P., et McNeill, J. (2007), « The Anthropocene : Are Humans Now Overwhelming the Great Forces of Nature ? », *Ambion° 36, 8*, p. 614-62.

Thumerelle, P.-J. (2001), « Mondialisation et interrogations géographiques », *Annales de Géographie, t. 110, n° 621*, p. 468-486.

Vidal de la Blache, P. (1921), *Principes de géographie humaine*, Paris, Armand Colin (1955), 327 p.

Wachtel, N. (1971), *La vision des vaincus*, Paris, Gallimard, 395 p.

Wackernagel, M. et Rees, W. (1999), *Notre empreinte écologique*, Montréal, Éditions Écosociété, 242 p.

Wallerstein, I. (2002), *Le capitalisme historique*, Paris, La Découverte, 124 p.

Wallerstein, I. (2006), *Comprendre le monde. Introduction à l'analyse des systèmes-monde*, Paris, La Découverte, 173 p.

Weber, M. (1920), *L'éthique protestante et l'esprit du capitalisme*, Paris, Plon (1985), 287 p.

Weber, M. (1923), *Histoire économique*, Paris, Gallimard (1991), 431 p.

L'espace dans *Les Vacances de Monsieur Hulot* de Jacques Tati (1953)

The notion of space in Monsieur Hulot's Holiday *by Jacques Tati (1953)*

Eudes Girard

professeur de géographie en Khâgne, certification en cinéma audiovisuel, Lycée Guez de Balzac, Angoulême.

Résumé   Le Cinéma est devenu un objet d'étude de plus en plus analysé par les géographes. Le film de Jacques Tati *Les Vacances de Monsieur Hulot*, tourné à Saint-Marc-sur-Mer en 1951 nous fournit ici un cadre d'analyse très riche. Après avoir replacé Saint-Marc-sur-Mer dans le contexte du développement touristique de la Bretagne méridionale, l'étude du dispositif cinématographique du film, à travers la mise en scène de l'espace, nous permet de montrer qu'il correspond aussi à l'imaginaire géographique que nous avons des structures paysagères des littoraux touristiques. Le film de Tati nous conduit également à interroger la fonctionnalité des littoraux en les replaçant dans leur dimension géo-historique. Paradoxalement alors que l'espace scénographique du film ouvre sur l'universel, l'association Culture et Loisirs de Saint-Marc-sur-Mer a cherché à réancrer localement le projet de Tati en mettant en place un parcours intitulé *sur les pas de Monsieur Hulot* pour faire émerger progressivement depuis les années 1990 un espace de tourisme culturel qui exploite la mémoire de ce célèbre film.

Abstract   *Cinema has become a medium increasingly studied by geographers. Jacques Tati's film, Monsieur Hulot's Holiday, shot in Saint-Marc-Sur-Mer in 1951, provides a rich analytical framework. After replacing Saint-Marc within the contextual development of tourism in southern Brittany, the study of the cinematographic space of the film enables us to show that it also corresponds to our mental geographical image that reflects the spatial organization of the coastal tourist areas. Tati's film also leads us to reflect on the functionality of the coasts by relocating them in their geo-historical dimension. Paradoxically, while the scenographic space of the film opens on to the universal, the Culture and Leisure Association of Saint-Marc-Sur-Mer has set up a trail entitled In the footsteps of Mr Hulot, which exploits the reminiscenceof this highly celebrated film.*

Mots-clés   film, Jacques Tati, littoral, espace cinématographique, espace géographique, carte mentale, fonctionnalité des littoraux, dimension géo-historique, mise en tourisme.

Keywords   *cinema, Jacques Tati, coastal area, cinematographic space, geographical space, mental map, functionality of the coastal area, geo-historical dimension, tourism development.*

1   Introduction

Si étudier l'espace, c'est-à-dire les formes d'organisation spatiale conséquence d'une « production de l'espace » par la société (Henri Lefebvre, 1974), est au premier chef du ressort du géographe, utiliser pour ce faire le support du cinéma comme média semble devenir une démarche, à vrai dire déjà relativement ancienne (*Faire de la géographie à l'école*, p. 177-179, Maryse Clary, Guy Dufau, Robert Ferrras, 1993), et en tous les cas croissante au sein d'une géographie culturelle qui s'affirme au sein de la discipline. Nous renvoyons ici au numéro 695-696 des *Annales de géographie* (2014), coordonné par Jean François Staszak et entièrement consacré au rapport entre géographie et cinéma. Mais parler d'espace à propos d'un film suppose de savoir de quel espace l'on parle. André Gardies, alors professeur en études cinématographiques à l'université Lyon 2, distingue dans *L'Espace au cinéma* (1993) quatre types d'espace : l'espace cinématographique, l'espace diégétique, l'espace narratif, l'espace du spectateur. L'espace cinématographique proprement dit renvoie à la salle de cinéma où se trouve le spectateur pour assister à une séance et où ses sens visuel, auditif, et ses fonctions cognitives seront sollicités ; l'espace narratif, interne au dispositif cinématographique, montre ce que filme la caméra et est défini par André Gardies comme « l'un des principaux actants » du récit filmique ; l'espace du spectateur, quant à lui, est associée à celui de la réception mentale du film par le spectateur. Le second espace dans la classification d'André Gardies, l'espace diégétique, est pour nous ici le plus intéressant. Il n'est pas seulement défini comme le lieu mis en spectacle où se déroule l'action, mais aussi par ce qu'apporte d'emblée, consciemment ou inconsciemment, le spectateur par le savoir qu'il possède en lui (la connaissance fortuite des lieux de tournage, ou celle, plus probable, d'autres lieux de même nature, ou d'autres films portant sur le même thème) et qu'il ne peut pas s'empêcher de mobiliser en lien avec le film qu'il regarde. L'espace diégétique échappe donc, en partie, au dispositif cinématographique qui l'a généré pour être aussi « travaillé » d'une certaine manière par le spectateur. C'est en ce sens que nous pouvons dire que l'imaginaire géographique, ces images mentales que nous portons en nous et qui font écho à ce que nous voyons et contribuent à lui donner sens, participe aussi à la perception et à la réception que nous aurons d'un film. Ce sera là notre hypothèse pour proposer une relecture *des vacances de Monsieur Hulot* de Jacques Tati (1953) comme interrogeant les représentations spatiales des littoraux touristiques qui structurent notre imaginaire. C'est donc en dépassant, sans l'éluder, la nécessaire première question de la localisation, c'est-à-dire du « où » se passe l'action (Saint-Marc-Sur-Mer), que nous tenterons de montrer que l'espace diégétique, qui transcende le récit, sollicite l'imaginaire géographique que nous avons des littoraux touristiques, ce qui nous permettra d'interroger, *in fine*, la fonctionnalité des lieux.

2   Saint-Marc-sur-Mer : le choix de la Bretagne Sud au début des années 1950

Il est courant au cinéma que le cadre spatial où est censée se passer l'action selon le scénario, lui-même parfois tiré d'un roman ou d'une nouvelle, ne soit pas réellement celui du tournage. Le film, et c'est là la magie du cinéma, fait alors « comme si »... par exemple les montagnes de la cordillère des Andes en Argentine étaient celles du Tibet (*Sept ans au Tibet* Jean-Jacques Annaud, 1997) ou les plages d'Irlande étaient celles de Normandie (*Il faut sauver le soldat Ryan*, Steven Spielberg, 1998). Cependant dans le cadre des *vacances de Monsieur Hulot* le pitch [1] du scénario indiquait qu'il fallait trouver « une petite localité fréquentée surtout par des estivants modestes, des familles nombreuses et des habitués »[2]. Ces indications précises orientent les recherches de l'équipe du film vers les grandes régions balnéaires dotées de ce type de station. Comme le montrent Phillipe Clairay et Johan Vincent en esquissant une typologie des stations touristiques littorales, de nombreuses stations balnéaires bretonnes répondent précisément à ces caractéristiques et constituent des « petits trous pas chers ». Saint-Marc-sur-Mer, en Loire inférieure (devenue Loire Atlantique en 1957), est l'une d'elle. Saint-Marc-sur-Mer (aujourd'hui pleinement intégré à la commune de Saint Nazaire 70 000 habitants selon l'Insee en 2015) constitue en Bretagne Sud une ancienne station balnéaire structurée dès la fin du XIXᵉ siècle en lien avec l'émergence du port de Saint-Nazaire doté d'un premier bassin à flot creusé en 1856 et tête de pont vers l'Amérique centrale dès 1862. L'arrivée du chemin de fer en 1857 à Saint Nazaire est concomitante à ces transformations et renforcera l'attractivité des plages de la commune. Son caractère modeste, outre le fait qu'elle ne possède pas de casino comme les stations balnéaires bourgeoises à l'image de Cabourg, La Baule ou Biarritz, est revendiqué dans ces mots, en vers, du curé de la paroisse. Ils sont reproduits dans le Bulletin paroissial de Saint-Marc-Sur-Mer et daté du 23 août 1936, soit dans la contemporanéité même des premiers congés payés.

> « Si pour imiter les miss phénomènes
> Qu'on veut proclamer reines de beauté,
> Il prenait envie aux plages mondaines
> De mettre au concours leur célébrité,
> Plutôt que d'entrer dans ce déballage,
> Saint-Marc laisserait la palme au voisin.
> Les objets placés pour faire étalage
> Valent rarement ceux du magasin. »

La station voisine du Pouliguen offre aussi selon son syndicat d'initiative, « une plage de famille où les jours coulent rapidement et agréablement. Une aimable et fidèle clientèle, qui va s'accroissant sans cesse, lui revient d'année en année ». Entre les deux, La Baule est déjà une station plus huppée, avec notamment l'ouverture de l'hôtel Royal à la Belle Époque (1902) et du Castel Marie-Louise dans les années 1920. Mais elle n'a pas encore l'aspect de ce front de

---

1   Terme technique en cinéma consistant à faire un court résumé du scénario en en soulignant les grandes lignes.

2   François Aubel, « Hôtel de la plage. Jours de fête », *Le Figaro*, lundi 22 août 2011, p. 20.

mer bétonné s'étendant sur plusieurs kilomètres qu'elle prendra progressivement dans les années 1960-1970 pour s'imposer également comme une ville de congrès selon la volonté de son maire Olivier Guichard (1971-1995).

Le choix de la Bretagne Sud comme lieu de tournage fait donc écho à la constitution précoce d'un espace littoral de tourisme au sein du territoire français. La Bretagne possède effectivement autour du pôle Saint Malo et celui du Croisic les deux plus anciens pôles touristiques bretons (1835 et 1837), pôles qui donneront naissance à d'autres stations souvent développées en chapelet dans les décennies suivantes : de Saint-Briac à Rothéneuf au sein de la côte d'Émeraude (l'expression inventée par Eugène Herpin notable et premier historien de la station malouine date déjà de 1894) ; de Batz-sur-Mr au Pornichet et Saint-Marc autour de la côte d'Amour (l'expression, issue d'un appel à la population lancé par le journal local la mouette, date de 1913). Un musée des marais salants s'établira d'ailleurs dès 1887 à Batz-sur-Mer, devenant alors l'un des premiers musées « d'arts et traditions » de Bretagne. Car avec Saint-Marc-sur-Mer c'est bien de la Bretagne Sud dont il s'agit encore dans les années 1950, avant la création des régions-programmes (1955) et la création des Pays de la Loire en 1972 auquel est rattachée depuis la Loire-Atlantique. Le film souligne explicitement cette référence dès la première scène de la gare (tournée à Dol-de-Bretagne) où, sans comprendre au son du haut-parleur la direction que prennent les voyageurs, le spectateur peut voir, au sein d'un décor choisi, en arrière-plan sur le mur de la gare une affiche portant en gros caractère le mot « Bretagne ».

Le choix de la Bretagne, efficacement reliée à Paris par le train, s'impose d'autant plus qu'il constitue à l'époque dans les années 1950, un littoral touristique de première ampleur qui n'a rien à envier au littoral méditerranéen. Les stations touristiques méditerranéennes du XIXᵉ siècle, développées sous l'impulsion de l'aristocratie anglaise puis russe (Nice, Cannes), ne sont à l'origine que des stations où le gotha mondain vient passer l'hiver. Le tournant de l'entre-deux-guerres marque certes l'ouverture de la méditerranée à la saison estivale avec ce que l'intelligentsia américaine nommera « la French Riviera » et dont témoignera le documentaire de Jean Vigo *À propos de Nice* (1930). Mais Saint-Tropez, par exemple, n'est au début des années 1950, en grande partie, qu'un village de pêcheurs et n'est pas encore devenu la destination à la mode qu'elle deviendra après le tournage de *Et Dieu créa la femme* (1956) et surtout à partir des années 1960 attirant même, un temps, le premier ministre de l'époque (Georges Pompidou) et le Tout-Paris. Les stations de la côte languedocienne, qui seront mises en place dans le cadre de la Mission interministérielle d'Aménagement du Languedoc-Roussillon à partir de 1963 (dite « mission Racine » du nom du haut fonctionnaire qui l'a mise en place), n'existent tout simplement pas encore.

Mais plus encore que le choix du type de station, c'est celui du site lui-même qui semble avoir convaincu Jacques Tati d'installer sa caméra entre juin et octobre 1951 à Saint-Marc-Sur-Mer. La plage y constitue en effet un décor « naturel » de dimension modeste mais en amphithéâtre comme pour une scène, et conduit à une sorte de petite crique délimitée par des rochers ouvrant en arrière-plan sur la mer. Une courte jetée destinée à la promenade du soir, une rue conduisant à un hôtel de bord de plage, une petite colline (que gravira Monsieur Hulot lorsqu'il aidera une scoute à porter son sac à dos), un court de tennis à proximité de la plage, complètent le tableau. Tous ces éléments constitueront l'espace scénographique du film, celui du champ filmé, constituant ainsi du même coup l'espace narratif. Ce choix du décor pour planter la caméra, qui comme tout décor requiert réflexion et conception, participe pleinement, en tant qu'« actant », si l'on reprend la terminologie de Gardies, au récit filmique. Il constitue aussi, sur un espace aussi resserré, un condensé des principaux éléments paysagers (la colline avec vue, la plage, la mer, l'hôtel, le tennis) qui peuvent être à la base de toutes structures paysagères représentatives des littoraux. C'est ce studio à ciel ouvert, dont certains éléments (la façade de la villa par exemple) furent créés de toutes pièces par Jacques Lagrange, chef décorateur du film et co-scénariste, plus que le lieu lui-même qui intéressait Tati. De fait la référence au lieu précis n'apparaît que de façon très ténue. Lors d'un dialogue, tout juste entendons-nous dire si nous tendons bien l'oreille, par l'une des protagonistes sur la plage désignant le lointain : « C'est Saint-Nazaire que l'on voit là-bas ? ». Ce rapport ignoré ou tout au moins distancié au lieu que constitue cette plage de Saint-Marc-sur-Mer est sans doute porté par l'ambivalence même de la notion. Si le lieu peut renvoyer, à grande échelle, à un espace où s'incarne un paysage singulier, une forme topographique, un habitat (un lieu-dit) ; il peut tout autant apparaître comme un support générique, une étendue, une abstraction, « un récipient immobile » selon Aristote (au sens de lieu de villégiature, lieu de mémoire...). Pour Tati c'est cette seconde acception qui semble prédominer, la plage de Saint-Marc-Sur-Mer est un archétype de toutes les plages et ce sont les allers et venues de ses personnages sur une surface finalement très réduite, celle conduisant de l'estran à l'hôtel, qui l'intéresse au premier chef. Au sein d'une société qui assume désormais « son désir de rivage » (Alain Corbin, 1988) il pressent que ce décor fera écho aux représentations que portent en eux les spectateurs, c'est-à-dire, *in fine*, aux cartes mentales qu'ils pourraient mobiliser s'agissant de la représentation qu'ils se font des espaces balnéaires. De fait, « Loin de n'être que des représentations matérialisés, les images concernent aussi des processus mentaux » (Teresa Castro, 2011). Ainsi, l'espace diégétique est bien coconstruit par l'imaginaire géographique des spectateurs. Néanmoins, le réalisateur semblera hésiter et l'ancrage au lieu même, du moins dans un deuxième temps, n'est pas non plus totalement gommé. Ce n'est qu'au deuxième montage (celui de 1962) et non à la sortie du film (février 1953) que la fin du film se fige sur un photogramme transformé en vue de carte postale avec le tampon de la poste indiquant Saint-Marc-Sur-Mer rendant ainsi la référence au lieu explicite.

En revanche, la convergence de l'espace diégétique et scénographique est pleinement revendiquée et exploitée de nos jours en souvenir du film. En 1991, la création de l'association Culture-Loisirs[3] de Saint-Marc-Sur-Mer entreprend de faire revivre le souvenir du film en mettant en valeur les lieux du tournage. Les premiers aménagements aboutissent à monter une esplanade dominant la plage et à mettre en place un panneau indicateur stipulant « plage de Monsieur Hulot ».

Fig. 1   Plage de Saint-Marc-sur-Mer : lorsque l'espace fictionnel s'impose à la toponymie.
The beach at Saint-Marc-sur-Mer : when fictional space prevails over toponymy.

En 1997, l'aménagement sera complété par l'inauguration d'une statue de Monsieur Hulot regardant la mer au loin et réalisée par le sculpteur Emmanuel Debarre.

En 2013, pour les 60 ans de la sortie du film, l'aménagement du lieu s'est poursuivi par la mise en place d'un parcours autour de cinq portes de cabines retraçant l'historique du tournage du film et son impact. L'association fut aidée dans ce chantier par la société de production des films de Tati (Les films de Mon Oncle) et l'évènement, inauguré lors des journées du patrimoine de septembre 2013, reçut le soutien et l'encouragement du ministre de la Culture de l'époque, Aurélie Filippeti.

---

3   *www.association-culture-loisirs.fr.*

Fig. 2   L'aménagement des lieux et la statue de Monsieur Hulot : l'émergence d'un site de mémoire d'un film majeur du patrimoine cinématographique.

The renewed presentation of key places and the statue of Monsieur Hulot : emergence of a site to relive the memory of a major film in the cinematographic heritage.

Au cours de la période estivale l'association organise, une fois par mois, un commentaire du site aménagé autour des lieux de tournage. À défaut, le reste du temps, une plaquette explicative du tournage « *Dans les pas de Monsieur Hulot* » est disponible sur place. À partir d'un autre support culturel (l'œuvre d'Hergé et l'album des *7 boules de Cristal* (1946)) et à l'initiative d'une autre association (« Les sept soleils ») Saint Nazaire avait déjà proposé semblables échos de sa propre représentation à travers la pose entre 1995 et 2004 de six panneaux en émail de grande dimension reprenant des images de ce fameux album. À l'été 2011, une table d'orientation retraçant les ports évoqués dans l'œuvre d'Hergé avait complété l'aménagement. Une plaquette de l'office de tourisme proposant un parcours « *Dans les pas de Tintin* » relie aujourd'hui les panneaux. Saint-Nazaire, dont on ne peut pas dire qu'elle possède de grands atouts touristiques (la ville fut rasée à 85 % pendant la seconde guerre mondiale), a su développer une sorte de « tourisme de mémoire iconique » à partir d'images (cinématographiques et dessinées) de deux artistes majeurs du siècle dernier et presque exact contemporain (Hergé 1907-1983 ; Tati 1907-1982). La mise en scène touristique participe ainsi de la mise en valeur des lieux et les images du passé font plus ou moins écho à celles d'aujourd'hui. En réalité plutôt moins que plus, car il est difficile de reconnaître aujourd'hui, après rénovation en 2008, le modeste hôtel familial de la plage qu'avait filmé Tati dans l'hôtel *Best Western* 3 étoiles qui lui a succédé, ou les images de l'album d'Hergé dans le Saint Nazaire d'aujourd'hui.

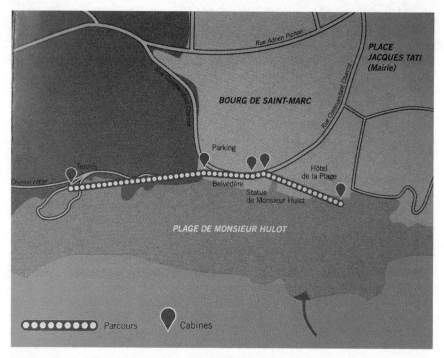

Fig. 3   Parcours « *Dans les pas de Monsieur Hulot* » mis en place à partir de l'été 2013.
The visitors'trail In the footsteps of Monsieur Hulot created in 2013.

Fig. 4   L'hôtel de la plage de Saint-Marc-Sur-Mer après sa rénovation de 2008.
L'Hôtel de la Plage at Saint-Marc-Sur-Mer after renovation in 2008.

Il s'agit certes d'un tourisme de curiosité lié à des œuvres qui ont marqué leur temps, d'un tourisme de niche mais, après tout, les tintinophiles et les tatinophiles sont relativement nombreux.

Pourtant, il y a bien sûr une certaine artificialité à ces démarches où il s'agit de tirer « l'œuvre à soi » pour suggérer à quel point le lieu même avait eu une importance pour ces auteurs. En fait, comme nous l'avons évoqué plus haut, pour Tati peu importait le lieu exact : la plage de Saint-Marc-Sur-Mer est un archétype et c'est le jeu social des vacanciers, la façon dont ils vont investir l'espace et s'y comporter qui est au cœur de son propos.

3 Du microcosme social au microcosme spatial

Tati interroge ce moment particulier que constituent les vacances à une époque le début des années 1950 où elles étaient réservées à une minorité : seuls 30 % des Français partaient contre les deux tiers aujourd'hui[4]. Une croissance qui ne fut d'ailleurs guère linéaire : la décennie 1990 constituant plutôt un palier suivi d'une régression lors des années 2000 avec la crise de 2008 notamment. Depuis 2011, la courbe semble de nouveau progresser[5]. Le film de Tati met en évidence le primat du collectif sur l'individu pour définir le phénomène touristique. Les premières images nous montreront une gare bondée un jour de départ en vacances : le départ se fait en même temps pour tous, comme le retour se fera en même temps. De même la cloche de l'hôtel qui invite aux repas ramène au même moment les touristes dans la salle de restaurant alors que la plage, bondée quelques instants avant, devient déserte. Le repas est pris collectivement et certains convives sont invités à manger à la même table (ce qui sera là aussi un prétexte à quelques gags). En somme pour Tati, fin observateur de la société et de ses travers, les vacances correspondent au moment où l'on quitte nos collègues de travail et les foules croisées dans nos transports en commun lors de nos flux pendulaires pour en retrouver d'autres sur les routes des vacances et nos lieux de villégiature. Ces vacances au bord de mer illustrent ce que Jean Didier Urbain (*L'envie du monde*, 2011) théorisera plus tard sous le concept de la « tentation sociétale » : ce désir de se retrouver au milieu d'une foule qui partage les mêmes aspirations à la détente et au farniente.

Ainsi les compagnons de l'hôtel de la plage constituent une sorte de microcosme social représentatif de l'élite vacancière des années 1950 : un colonel à la retraite, une dame distinguée et sa nièce (Martine), un étudiant, un vieux couple, un homme d'affaires (Monsieur Schmutte) et sa famille, une vieille dame anglaise. Les vacances peuvent se définir, en théorie, comme un moment de lâcher prise,

---

4   M. C. Ferrandon et I. Waquet, *La France depuis 1945*, Hatier, 2008.

5   *Les vacances des Français depuis 40 ans*, dossier de l'INSEE, Laure Dauphin, Anne-Marie Le Garrec, Frédéric Tardieu, édition 2008 et *les vacances 2014 : l'éclaircie,* étude du CREDOC, Sandra Hoibian et Jörg Müller janvier 2015.

un oubli de nos préoccupations, un moment récréatif qui est aussi un moment de recréation de soi, de son corps et de son esprit, comme le montrait, dès 2002, l'équipe de recherche Mobilités Itinéraires Tourismes (MIT) autour de Rémy Knafou. Cette recréation de soi passe ainsi par trois moments que l'on retrouvera dans le film : le repos (le farniente ou la sieste sur la plage), la découverte (lors de l'excursion par exemple), le jeu (dans sa dimension de compétition lors de la leçon de tennis, ou dans sa dimension de simulacre lors du bal masqué). Les vacances sont donc pleinement associées à un moment de jeu, que le laboratoire Mobilités Itinéraires Tourismes définit, en s'appuyant sur la définition de Roger Caillois (*Les jeux et les hommes*, 1958) comme « une action ou une activité volontaire accomplie dans certaines limites fixées de temps et de lieu, suivant une règle librement consenti [...] accompagné d'un sentiment de tension et de joie, et d'une conscience d'être autrement que dans la vie courante ». Mais justement pour Tati il n'est nullement démontré que le tourisme donne à chacun l'occasion de jouer de nouveaux rôles sociaux. Le capitaine retraité se montre tout aussi autoritaire et c'est lui qui organise le convoi pour le pique-nique comme s'il organisait un convoi militaire, l'étudiant exalté et passionné ne décroche pas de ses livres, l'homme d'affaires reste rivé au téléphone (avec Londres notamment) pour ses affaires...

Pourtant le personnage lunaire de Monsieur Hulot, qui apparaît ici pour la première fois à l'écran en déclinant son identité à l'hôtelier et que l'on retrouvera dans les autres films de Jacques Tati : *Mon oncle* (1958), *Playtime* (1967), *Trafic* (1971), échappe justement à cette pesanteur du collectif. Il crée malgré lui une ambiance nouvelle et subversive perturbant ainsi la villégiature des autres vacanciers. Le réveil systématique de l'hôtel en pleine nuit, à la suite de ses périples (la rencontre avec les jeunes de l'auberge de jeunesse, le retour de sa voiture pétaradante en pleine nuit, le feu d'artifice involontaire), en marque la symbolique récurrente. Cependant, on peut faire l'hypothèse que Monsieur Hulot lui-même n'est pas différent de ce qu'il est en dehors de cette période de vacances. Qu'est-ce que « profiter » de ses vacances en somme ? Sait-on vraiment en profiter ? Telles sont les questions que Tati se pose et nous pose et qui font écho à celle du M.I.T. lorsqu'il se demande à quoi tient finalement la qualité d'un moment « re-créatif » : au temps de séjour et de « coupure » avec le quotidien ? au degré d'altérité du lieu ? La réponse assez imprécise, dans le film, provient peut-être de la vieille dame anglaise, l'une des rares à sympathiser avec Monsieur Hulot : passer du bon temps, *a good time*. Notion qu'il conviendrait d'approfondir et dont chacun d'entre nous pourrait d'ailleurs donner des réponses différentes. Les vacances sont aussi en théorie le lieu des rencontres : l'échange des adresses à la fin du film entre plusieurs protagonistes y compris entre un vieux monsieur un peu rêveur soumis à une épouse quelque peu matrone et Monsieur Hulot, sont là pour nous le rappeler. Mais ces rencontres deviennent-elles effectives, de nouvelles relations sociales se tissent-elles véritablement ? Rien n'est moins sûr lorsque le temps du travail quotidien reprend ses droits.

Tout autant que la dimension sociale des vacances c'est la mobilité permettant l'accès aux lieux de villégiature que permet d'interroger le film. Avant d'arriver sur les lieux mêmes de notre villégiature le transport en constitue une étape obligée et parfois fastidieuse (l'une des protagonistes du film parle à ce sujet « d'une chaleur » accablante, « d'un wagon-restaurant bondé », d'une foule qui lui marchait sur les pieds »). Dans *Les Vacances de Monsieur Hulot*, Tati nous présente d'abord les divers moyens de transport pour atteindre la mer : les premières minutes du film nous présentent des voyageurs qui errent de quai en quai pour tenter de prendre un train à vapeur (nous sommes en 1953 et le réseau n'est que très partiellement électrifié, les dernières locomotives à vapeur disparaîtront en 1973), puis des automobiles (dont l'improbable automobile de Monsieur Hulot : une Amilcar 1924, un modèle totalement désuet en 1953), un bus absolument bondé, un couple de cyclistes évoquant sans doute ici le mode de locomotion des classes populaires pour accéder aux lieux de villégiature lors des premiers congés payés du front populaire en 1936. L'attention est d'emblée attirée par le flux et le reflux des vacanciers renvoyés de quai en quai par une voix d'un haut-parleur. Entièrement déformée et incompréhensible, elle évoque déjà le flux et le reflux des vagues sur une plage. En instant sur le train, Tati nous replonge dans un élément essentiel de l'essor des stations balnéaires qui n'ont pu se développer véritablement que grâce à la mise en place progressive du réseau ferré et des gares qui les plaçaient alors à quelques heures de Paris d'où venaient les premiers vacanciers. Même si certaines datent bien d'avant l'essor du réseau ferré (Dieppe dès 1824 avec la Duchesse de Berry qui y multiplie les séjours) le train a permis l'accroissement des flux et une première démocratisation avec l'arrivée de la bourgeoisie. Les publicités de la Belle Époque sous forme d'affiches soulignaient d'ailleurs volontiers la rapidité d'accès aux stations de Dieppe (dès 1848), Deauville (1863) ou la Baule (1879) grâce à l'essor du réseau ferré, au sein d'une société, il est vrai, qui n'avait pas le même rapport à l'espace-temps que le nôtre. Le bus prouve par ailleurs toute son utilité, en reliant comme l'indique le fronton qui le surmonte « la plage/l'hôtel/le golf/la gare ». Ce sont là quatre éléments invariants convoqués dans le modèle la station littorale « classique ». Parmi eux, seul le golf ne sera pas représenté dans le film même si Tati semble l'avoir remplacé par un court de tennis où se passeront quelques scènes du film. Le choix du court de tennis n'est d'ailleurs pas fortuit mais s'inscrit dans la diffusion de cette pratique importée de Grande-Bretagne dans l'entre-deux-guerres d'abord au sein de courts privés (comme c'était le cas ici à Saint-Marc-Sur-Mer au sein de la villa Lourmand) puis au sein d'équipements publics. Après la seconde guerre mondiale, sous l'impulsion d'un tissu associatif renaissant, les municipalités s'engageront effectivement dans des politiques communales d'équipements publics et le nombre de licenciés en tennis s'envolera (850 000 en 1945, 2 325 000 en 1955). Cependant dans *Les Vacances de Monsieur Hulot*, mis à part la gare présentée au début du film, c'est sur le chassé-croisé quotidien des vacanciers entre l'hôtel et la plage que se concentreront la plupart des scènes au sein d'un espace scénographique particulièrement bien choisi et construit. De fait le film, sur ce point, est d'une aide précieuse pour souligner en quoi le tourisme participe pleinement au concept de « l'habiter » cher aux géographes contemporains. Le tourisme suppose effectivement une « transplantation saisonnière » (Paul Morand, 1927) d'une population venant d'ailleurs en contact avec la population locale ; une certaine coprésence entre estivants et résidents, mais aussi entre estivants dans la mesure où le touriste ne peut pas faire abstraction de ses semblables, partis en même temps que lui, sur les mêmes mieux de villégiature, comme nous l'avons souligné plus haut. Une coprésence qui se manifestera par la convoitise du regard des jeunes hommes (ou plus âgés) sur la jeune fille (Martine), ou par les maladresses supposées de Monsieur Hulot lui-même soupçonné d'être responsable d'un lancer intempestif de bateau. Ainsi le vacancier, par sa présence même, perturbe la vie locale : la scène de l'enterrement au sein de laquelle viennent interférer Monsieur Hulot et son automobile l'illustre particulièrement bien. C'est précisément de ce décalage, de cette mécanique déréglée (le lancer intempestif de bateau ou la scène de l'enterrement qui se finira par un fou rire généralisé dû au chatouillement du nez de Monsieur Hulot par les plumes du chapeau d'une vieille dame lors des condoléances) que naîtra le comique. Si la coprésence (entre estivants et résidents, ou entre estivants) qui contribue à définir le phénomène touristique suppose une certaine confrontation *in situ*, plus ou moins recherchée ou plus ou moins volontaire selon la stratégie des acteurs, l'espace touristique lui-même n'apparaît jamais coupé du monde mais doit au contraire son succès aux liens qu'il entretient avec ce dernier. Le code de wifi que les réceptionnistes, dès l'accueil, s'empressent, aujourd'hui de nous indiquer lorsque nous séjournons dans un hôtel, ou dans le film de Tati l'homme d'affaires, Monsieur Schmutte, appelé au téléphone depuis la Bourse de Londres (« allô Londres, vous avez vendu ? ») montrent à quel point les espaces touristiques s'inscrivent, par les réseaux de communication, dans une réelle co-spatialité avec le reste du monde. Ce dernier point permet d'ailleurs d'interroger l'ambiguïté de certains aspects du tourisme à travers ce que l'on appelle « le tourisme d'affaires » et qui fait pleinement partie, jusqu'à présent, du processus touristique. Nous touchons également là à un des grands paradoxes du tourisme : censé être un moment de coupure avec nos activités habituelles il ne l'est finalement jamais totalement.

Ainsi le littoral touristique est saisi dans ses dimensions spatio-temporelles à travers des éléments constitutifs invariants : une plage de sable blanc (les plages de sable noir ou de galets des régions volcaniques ont toujours moins attiré à tel point que la région des Canaries espagnoles a dû importer du sable du Sahara occidental (anciennement espagnol) pour constituer quelques belles plages à touristes comme celle de Las Teresitas), avec des infrastructures hôtelières jadis bourgeoises et élitistes (ou aujourd'hui résidentielles et plus démocratiques), des axes de transport comme des lignes de chemin de fer (ou axes routiers rapides actuellement) pour y acheminer les touristes. La dimension temporelle des lieux est aussi clairement perçue par Tati dans la mesure où la plage alterne effectivement de plus ou moins forte densité aux différentes heures de la journée.

Si Tati fait rythmer l'alternance de fréquentation de la plage de Saint-Marc-Sur-Mer en fonction des heures des repas de l'hôtel, d'autres observations peuvent être faites aujourd'hui pour expliquer ces mouvements sur les plages du littoral français : encore assez vides tôt le matin, elles se remplissent progressivement de familles « venues à la plage ». Un pic de fréquentation est ensuite atteint en fin d'après-midi après les plus fortes chaleurs, puis elles se vident de nouveau dans la soirée où seuls les plus jeunes (mais plus les enfants) semblent rester tardivement.

4 Interroger la fonctionnalité des lieux

Le rapport complexé au corps (Tati était (très) grand avec son mètre quatre-vingt-trois) et la maladresse qui semble habiter le personnage sont une constante dans le film (comme dans toute l'œuvre de Tati). Il constitue d'ailleurs tout au long du film l'un des moteurs déclencheurs du rire à commencer par ce grand corps dans une toute petite automobile. Il nous permet d'interroger ici notre propre rapport au corps pendant les vacances, et notamment à la plage, à l'instar de Vincent Coeffe et Phillipe Duhamel qui distinguent, dans ce domaine, quatre situations. Le corps reposé tout d'abord et sur cette thématique les scènes de farniente sur la plage (un vacancier faisant sa sieste perturbé par la loupe d'un enfant) ne manquent pas. Tati fait d'ailleurs dire au personnage incarné par la tante de Martine : « Pour moi les vacances au bord de la mer sont toujours très agréables et reposantes ». Le corps engagé dans des pratiques sportives ensuite, et à cet égard le cinéaste associe bien les vacances à un moment d'opportunité pour pratiquer différents sports, une façon de lutter contre l'oisiveté souvent associée à la villégiature : la gymnastique sur la plage, l'équitation, le kayak, le tennis. La scène du jeu de tennis constitue un moment marquant du film qui renvoie d'ailleurs à la première identité artistique de Jacques Tati : celle de mime sportif qu'il était dans les années 1930 (et que l'on retrouvera dans *Parade* en 1974 son dernier film). Le corps métamorphosé par ses pratiques, par le simple bronzage (ou d'autres pratiques plus contemporaines comme la thalassothérapie) constitue une autre situation. Enfin le corps à corps dans une coprésence plus intime lors du bal, où Monsieur Hulot n'ose pas toucher le dos nu de sa cavalière, peut être également illustré par le film. Sous cet angle d'analyse du rapport au corps on observera encore la singularité de Monsieur Hulot toujours en mouvement et insaisissable, ce qui le rend d'ailleurs imbattable au tennis ou au ping-pong. Mais ce corps maladroit conduira également à des catastrophes. Une image où on le voit courir à l'arrière-plan comme pour échapper à une situation permet de comprendre par exemple qu'il a, sans doute, malencontreusement libéré un bateau en train d'être repeint de son attache entraînant ainsi sa mise à l'eau intempestive. Il rentre, au grand dam de l'aubergiste, les pieds mouillés dans le salon de l'hôtel. À chaque fois il montera précipitamment dans sa chambre pour observer de sa petite lucarne (un décor fictif) les dégâts causés.

Par ailleurs la bande-son (d'Alain Romans qui reprend ici le thème de la chanson « Quel temps fait-il à Paris ? ») et le bruitage et la sonorisation (de Roger Cosson), comme dans toute l'œuvre de Tati, jouent ici un rôle fondamental pour traduire une atmosphère ou souligner un gag. Ainsi le fond sonore du film est à de nombreux moments constitué de cris d'enfants en train de jouer associant les plaisirs de la plage au monde de l'enfance. Mais c'est surtout le feu d'artifice, allumé bien involontairement par Monsieur Hulot, qui perturbe et défigure ce qui était une plage de vacances. Ce faisant Tati interroge ici les lieux de villégiature eux-mêmes et cette approche est d'autant plus intéressante qu'elle est rarement évoquée. Qu'est-ce qu'un lieu de villégiature ? Possède-t-il des caractéristiques propres *in situ* qui feraient qu'il s'imposerait comme tel ? Les non-géographes pourraient *a priori* le penser : une plage de sable fin au sein d'une crique n'est-ce pas l'image marketing par excellence pour définir un lieu touristique ? Pourtant, et c'est là tout le génie cinématographique de Tati, il faut savoir dissocier la bande-son des images pour mieux interroger la symbolique des lieux. Avec ce départ du feu d'artifice ce sont bien aussi des bruits de fusées, des explosions que l'on entend, et la tentative de l'allumage du jet d'eau ressemble, quant à elle, à un tir de mitrailleuse lourde. Si l'on fait abstraction des images c'est à la bande-son d'un débarquement (du débarquement reconstitué puisque nous sommes à moins de dix ans de l'évènement encore présent dans tous les esprits) à laquelle on a affaire. Pour Philippe Thémiot, conseiller en Arts Visuels dans l'académie de Dijon, dans les films de Tati et notamment dans *Les Vacances de Monsieur Hulot* « le son est un moyen de représentation du monde au même titre que l'image ». De fait, que nous dit ici cette bande-son si ce n'est que la plage n'est nullement, pour elle-même, le lieu destiné à accueillir un tourisme balnéaire ; elle l'est devenue progressivement d'abord à partir de la fin du XIXᵉ siècle et à la Belle Époque comme nous l'avons vu plus haut, puis massivement par la suite à partir des Trente Glorieuses. Alain Corbin dans *Le Territoire du vide* (1988) le montrera en soulignant à quel point les littoraux furent longtemps associés au récit du déluge, aux monstres marins, aux tempêtes dévastatrices, au rejet des impuretés et des cadavres d'animaux marins, aux razzias possibles des pirates barbaresques. Ce n'est qu'à partir du XVIIIᵉ siècle à Scheveningen aux Pays-Bas puis à Brighton en Grande-Bretagne que la pratique thérapeutique du bain de mer froid pour stimuler le corps et répondre aux pathologies urbaines se mit petit à petit en place entraînant un changement de regard sur les littoraux. En somme, ce sont bien les conditions historiques et socio-économiques qui contribuent à expliquer la fonctionnalité des lieux. Pour les géographes c'est l'évidence de l'absence de déterminisme géographique des lieux qui transparaît ici ; Tati, cinéaste, nous le rappelle à travers le décalage d'une bande-son et des images. À l'inverse des lieux de tourisme comme les côtes de Croatie dans les années 1980 se sont transformées en lieux de guerre au début des années 1990 pour redevenir des lieux touristiques, de même qu'aujourd'hui l'ancienne ville de Damas inscrite sur la liste des lieux faisant partie du patrimoine de l'Humanité était devenue, et est sans doute encore, un lieu de guerre.

Pour finir, l'espace de la plage de Saint-Marc-Sur-Mer, tel que nous la représente Tati dans le dernier montage et la dernière version du film en 1978 (cette date, tardive, a son importance pour valider l'hypothèse qui suit), est aussi menacé par un kayak replié en deux, là encore par la maladresse de Monsieur Hulot, et qui prend l'allure d'un monstre marin qui sèmera la panique. C'est sans doute une référence à une scène *Des dents de la mer* de Spielberg (1975) à qui Tati rendit ici un hommage assez explicite. Avec la scène du coup de pied donné par Monsieur Hulot au supposé voyeur des cabines de bain directement inspiré du théâtre optique d'Émile Reynaud (*Autour d'une cabine*, 1894)[6], la boucle semble être bouclée, l'œuvre accomplie. Un film n'est jamais ainsi totalement fini et, jusqu'au montage final, le processus de création artistique se nourrit d'un écheveau d'influences parfois lointaines et inattendues. Steven Spielberg dira d'ailleurs lui-même au sujet de Tati « qu'il était le plus grand acteur du muet au temps du parlant »[7]. La statue de Tati qui regarde vers le grand large nous rappelle aussi que son génie cinématographique a traversé l'Atlantique et que l'art, seul, sait créer des ponts entre les hommes et les continents.

5   Conclusion

Le film dans sa première version sortit en février 1953 et reçut la même année le prix de la critique internationale du festival de Cannes et le prix Louis-Delluc. Plus que *Jour de fête* (1947), il contribua à asseoir la carrière de Jacques Tati et annonça le succès de *Mon oncle* (1958), soit l'apogée de la carrière du cinéaste, avant le malentendu public de *Playtime* (1967) ou de *Trafic* (1971). Il constitue pour les géographes une source de réflexion d'une grande richesse. À partir de la classification des espaces au cinéma selon André Gardies nous avons souligné, à partir de l'exemple du film, à quel point l'espace diégétique se construisait effectivement non seulement à partir d'un espace conçu et construit par un chef décorateur mais aussi à partir d'un imaginaire géographique collectif auquel il fera écho. En ce sens le lieu de tournage et le cadre précis choisi renvoient à un espace littoral touristique type constitué d'un hôtel en lien direct avec une plage de sable blanc. L'essor des résidences touristiques balnéaires, conçues « les pieds dans l'eau » au cours des Trente Glorieuses, avant qu'il ne soit question du réchauffement climatique et du recul du trait de côte, répondra précisément à cet imaginaire. Mais ce type d'espace est aussi fondamentalement un espace social au sein duquel se livre la comédie humaine du tourisme où le collectif prime sur l'individu. Habiter un espace touristique renvoie ainsi à la coprésence d'acteurs différents (les résidents, les touristes eux-mêmes à travers leurs statuts sociaux et leurs âges différents) et ouvre sur une nécessaire co-spatialité. Mais si « le monde » d'un homme d'affaires comme Monsieur Schmutte dans le film est à la portée

---

6   *Dictionnaire du cinéma*, direction Jean Louis Passek, 1995.

7   Plaquette *Dans les pas de Monsieur Hulot* distribuée à Saint-Marc-sur-Mer sur le site du film.

d'un simple appel téléphonique avec la Bourse de Londres (ce qui est cependant une prouesse en 1953 dans une France notoirement sous-équipée en termes de réseau téléphonique) celui de Monsieur Hulot, pour partie celui de l'enfance, (sa connivence avec les enfants est soulignée à plusieurs reprises) reste inatteignable, de même que sa personnalité lunaire le rend irréductible au groupe des vacanciers qu'il ne peut, dès lors, que désorganiser. Mais plus encore, l'intérêt du film de Tati réside dans le fait qu'il permet d'interroger la fonctionnalité des lieux dans une perspective géo-historique en rappelant que la plage n'a pas toujours été un lieu de détente et de villégiature auquel on l'associe trop souvent depuis que nous sommes rentrés dans une « civilisation des loisirs ». Au détour d'une bande-son et d'un bruitage c'est à tout autre chose que peuvent renvoyer les plages atlantiques françaises dans un contexte d'immédiat après-guerre. Mais au même titre qu'une œuvre cinématographique se construit parfois sur le long terme, comme ici avec des montages différents (1953, 1962, 1978), il est possible que sa réception et sa lecture évoluent dans le temps et que les générations actuelles « perdent » le sens que les générations précédentes ont pu lui attribuer ou lui en attribuent un autre. C'est enfin, au nom de cette « civilisation du loisir » que les lieux de tournage du film ont donné naissance, grâce à l'initiative d'une association, à un aménagement paysager avec, depuis 1997, la statue de Monsieur Hulot regardant vers le grand large. Cet espace de tournage d'un film, devenu fort célèbre, est ainsi devenu désormais un lieu de notre patrimoine culturel cinématographique et de ce fait un lieu de tourisme culturel, tout en restant un espace du tourisme balnéaire.

Lycée Guez de Balzac
Place du Petit Beaulieu
16000 Angoulême
Eudes.Girard@ac-poitiers.fr
eudes.girard@laposte.net

Bibliographie

Aubel F. (2011), Hôtel de la plage. Jours de fête, Le Figaro, vendredi 22 août 2011, p 20.

Bottaro A. (2014), « La villégiature anglaise et l'invention de la côte d'Azur », *in situ revue des patrimoines*, Mis en ligne le 10 juillet 2014.

Bronfen E. (2004), *Home in Hollywood. The imaginery geography of cinema*, New York, Columbia Univ. Press, 352 p.

Cabanne C. (1985) « Nantes-Saint-Nazaire vers le large », *Norois*, n° 126, p 269-272.

Castro T. (2011), *La pensée cartographique des images*, Aléas, Lyon, 258 p.

Clairay P., Vincent J. (2008), « Le développement balnéaire breton : une histoire originale », *Annales de Bretagne et des pays de l'Ouest*, n° 115-4, p. 201-233.

Coeffe V., Duhamel P., *et al.*, (2016) « Mens sana in corpore turistico : le corps « dé-routinisé » au prisme des pratiques touristiques » *L'information géographique* Vol 80, p 32-55.

Corbin A. (1988), *Le territoire du vide, l'occident et le désir de rivage*, Paris, Aubier, 412 p.

Dauphin L., *et al.* (2008), *Les vacances des Français depuis 40 ans,* dossier INSEE, p 31-40.

Escudier A. (2015) « En villégiature de la Méditerranée à Balbec : la culture balnéaire de Marcel Proust à Paul Morand », *Babel, littératures plurielles,* 32, p. 315-333.

Ferrandon, M. C., Waquet, I. (2008), *La France depuis 1945,* Paris, Hatier, 80 p.

Ferras R., Clary M., Dufau G. (1993*) Faire de la géographie à l'école,* Paris, Belin, 207 p.

Gardies A (1993), *L'espace au cinéma,* Paris, Méridiens-Klincksieck, 222 p.

Gaudin A. (2015), *L'espace cinématographique esthétique et dramaturgie,* Paris, Armand Colin, 216 p.

Harvey D. (1989), *The Condition of Postmodernity : an enquiry into the origins of cultural change,* Oxford UK et Cambridge USA, Blackwell, 378 p.

Hoibian S., Müller, J. (2015), *les vacances 2014 : l'éclaircie,* Paris, rapport du CREDOC N° 320, 66 p.

Knafou R (dir.) et équipe du MIT (2002), *Tourisme 1, lieux communs,* Paris, Belin, 320 p.

Knafou R (dir.) (2012), *les lieux du voyage,* Paris, Le cavalier bleu, 224 p.

Lefebvre H. (1974), *La production de l'espace,* Paris, Anthropos, 485 p.

Lévy J. (dir.), Lussault, M. *et al.,* (2003) *Dictionnaire de la géographie et de l'espace des sociétés,* Paris, Belin, 1034 p.

Lévy J. (2013), « De l'espace au cinéma » *Annales de Géographie,* n° 694, p. 689-711.

Morand P. (1927), *Le voyage,* Paris Hachette, 149 p.

Offner J.-M. (1993), « Les « effets structurants » du transport : mythe politique, mystification scienti-fique » *L'espace géographique,* n° 3, p. 233-242.

Passek J. L., *et al.* (1995), *Dictionnaire du cinéma,* Paris, Larousse, 757 p.

Pekham R. S. (2006), « Landscape in Film » in Duncan J., Johnson N., Schein R. (dir) *A Companion to Cultural Geography,* Wiley-Blackweel, p. 420-429.

Puaux F. (2008), *Le décor de cinéma,* Les cahiers du cinéma en association avec le CNDP, 95 p.

Rollon F. (2004), « Les réseaux d'équipements sportifs dans les stations balnéaires : l'exemple du tennis » *in situ revue des patrimoines,* mis en ligne le 1er mars 2004.

Staszak J. F. (2014), « Géographie et Cinéma : mode d'emploi », *Annales de démographie* n° 695-696, p. 595-604.

Stock M. (2005) « Les sociétés à individus mobiles : vers un nouveau mode d'habiter ? L'exemple des pratiques touristiques », *EspacesTemps.net -http://espacestemps.net/document1353.html.*

Thémiot P. (dir.) (2010*) Les arts visuels au quotidien : rencontre sensible avec l'œuvre : primaire et collège,* Canopé-CRDP de Bourgogne, 272 p.

Toulier B. (2004) « Les réseaux de villégiature en France », *in situ revue des patrimoines,* mis en ligne le 1er mars 2004.

Urbain, J. D. (2011), *L'envie du monde,* Paris, Bréal, 267 p.

Filmographie

Jacques Tati (1953) *Les Vacances de Monsieur Hulot,* version restaurée à partir du troisième et dernier montage de 1978, coffret l'intégrale Jacques Tati, Les films de Mon Oncle, (2013).

CONDITIONS DE PUBLICATION

Les articles publiés dans la revue font l'objet d'un processus de sélection rigoureux, reposant sur des évaluations anonymes par deux relecteurs spécialistes des thématiques de l'article, afin de garantir la qualité et l'actualité des recherches publiées. La diversité des profils des membres du **Comité de rédaction** et des **Correspondants étrangers** reflète l'ambition généraliste et internationale de la revue. Le Comité de rédaction assure le suivi épistémologique, définit les grandes orientations et se porte garant de la qualité scientifique des textes retenus. Les **Rédacteurs en chef** veillent au strict respect des normes formelles (voir ci-dessous).

Recommandations générales
Les propositions d'articles, de notes ou de comptes rendus de lecture sont à adresser par e-mail au secrétariat de rédaction de la revue : annales-de-geo@armand-colin.fr

Volume des textes
« **Article scientifique** » : 50 000 à 60 000 signes, notes et espaces comprises (hors bibliographie).
« **Note** » : environ 30 000 signes, notes et espaces comprises (hors bibliographie).
« **Compte rendu de lecture** » : 3 000 signes au maximum, notes et espaces comprises.
Si le texte est accompagné d'**illustrations**, elles doivent être fournies séparément, de préférence au format .ai ou au format .jpeg. En raison de l'édition papier de la revue, toutes les illustrations doivent être en **noir et blanc**.

Présentation des manuscrits
Préciser en tête du manuscrit s'il s'agit d'un **article**, d'une **note** ou d'un **compte rendu**.
Indiquer en début d'article le **nom et prénom de l'auteur** ; sa **fonction** ; le **lieu d'enseignement et/ou laboratoire de recherche** ; l'**adresse administrative** ; un **e-mail**.
Les articles et notes doivent comporter des intertitres (trois niveaux au maximum. Exemple : 1., 1.1., 1.1.1.).

Résumé et composantes bilingues
L'auteur est invité à fournir **en français et en anglais** (prioritairement) le titre de l'article, le résumé (15 lignes au maximum), les mots-clefs (entre 5 et 10), les titres des figures.

Bibliographie
La référence d'un ouvrage doit mentionner, dans l'ordre :
- pour un **ouvrage** : Nom de l'auteur, Initiale du prénom. (Année de publication), *Titre de l'ouvrage*, Lieu de publication, Éditeur, pages.
Exemple : Pelletier, P. (2011), *L'Extrême-Orient : l'invention d'une histoire et d'une géographie*, Paris, Gallimard, 887 p.
- pour un **article** : Nom de l'auteur, Initiale du prénom. (Année de publication), « Titre de l'article », *Titre de la revue*, numéro, pages.
Exemple : Di Méo, G. (2012), « Les femmes et la ville. Pour une géographie sociale du genre », *Annales de géographie*, n° 684, p. 107-127.